와인 *Wine*
한 잔에
담긴 세상

와인
한 잔에
담긴 **세상**

초판 1쇄 발행 2016년 12월 15일

지 은 이	김윤우
그 림	김경실
발 행 인	권선복
편집주간	김정웅
표 지	이세영
내 지	서보미
전 자 책	천훈민
발 행 처	도서출판 행복에너지
출판등록	제315-2011-000035호
주 소	(07679) 서울특별시 강서구 화곡로 232
전 화	0505-613-6133
팩 스	0303-0799-1560
홈페이지	www.happybook.or.kr
이 메 일	ksbdata@daum.net

값 15,000원
ISBN 979-11-5602-442-2   93590

Copyright ⓒ 김윤우, 2016

도서출판 행복에너지는 독자 여러분의 아이디어와 원고 투고를 기다립니다. 책
으로 만들기를 원하는 콘텐츠가 있으신 분은 이메일이나 홈페이지를 통해 간단
한 기획서와 기획의도, 연락처 등을 보내주십시오. 행복에너지의 문은 언제나
활짝 열려 있습니다.

와인 한 잔에 담긴 세상

김윤우 지음 | 김경실 그림

도서
출판 행복에너지

와인은
슬픈 사람을 기쁘게 하고,
오래된 것을 새롭게 하고,
싱싱한 영감을 주며,
일의 피곤함을 잊게 해준다.

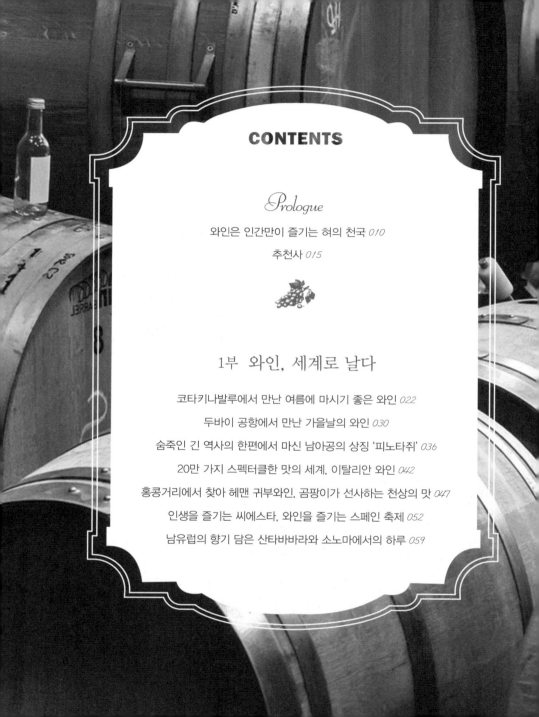

CONTENTS

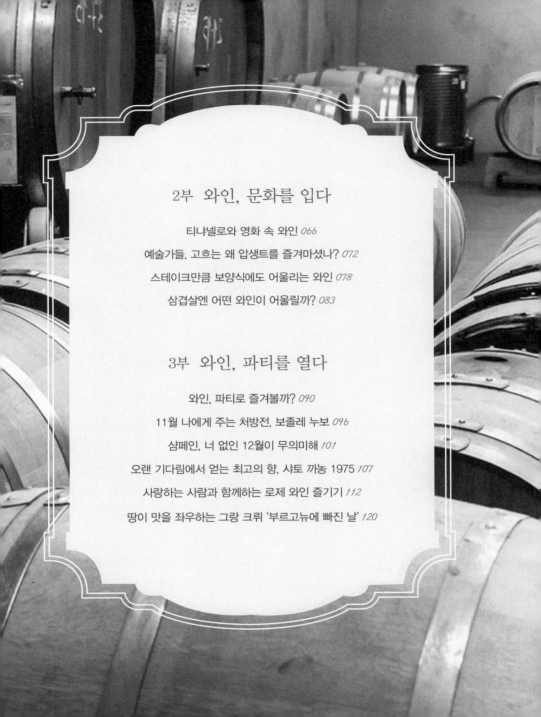

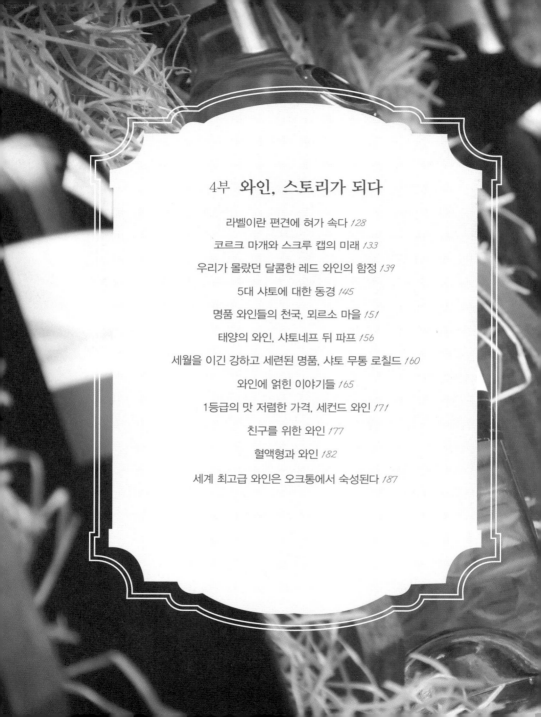

4부 와인, 스토리가 되다

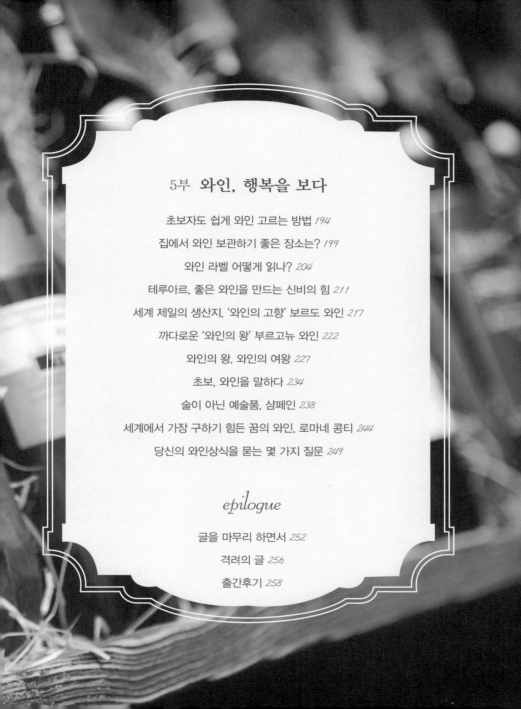

5부 와인, 행복을 보다

epilogue

Prologue

와인은 인간만이 즐기는 혀의 천국

1997년 요르단 여행 중 대사관 만찬에 초대된 적이 있었다. 만찬장에서 화이트 와인 종류와 레드 와인 종류를 보여주며 어느 것을 마시겠냐는 '셰프'의 갑작스런 질문에 어색하게 화이트 와인을 손가락으로 가리켰었다.

그때 이런 세련되지 못한 나의 태도를 두고두고 부끄러워하고 속상해했는데 2000년 여름, 친구가 '와인 아카데미' 브로슈어 한 장을 내밀며 나를 와인의 세계로 끌어들였다.

어색한 관계를 이어주고, 친구의 생일파티를 행복하게 해주며, 이야기보따리를 한껏 풀어놓게 해주는 와인, 우리는 그 멋있고 맛있는 와인 여행을 떠나려 한다.

전설에 의하면, 와인은 아주 우연한 기회에 발견되었다고 한다.

옛날 옛날에 포도를 아주 좋아한 페르시아 왕이 있었다. 그는 언제나 잘 익은 포도만을 수확하여 창고에 저장해두고 그 포도를 일 년 내내 먹는 것을 즐겨했다. 그러나 포도를 겹겹이 많이 쌓아 놓다 보니 밑에 깔려있던 포도들이 위에 있는 포도들의 무게를 견디지 못해 알맹이가 터지게 되었다. 또 포도에는 자체적으로 가지고 있는 효모가 있는데 그 터진 포도의 알맹이에서 이 효모들이 발효되기 시작했다. 포도가 당분을 만나 발효되는 과정에서 가스가 발생하였고 그 엄청난 양의 포도에서 배출된 가스를 마시고 포도 창고에서 일하던 노예 몇 명이 일시적으로 기절하는 사건이 일어났다.

그런데 마침 그 궁궐에는 페르시아 왕의 미움을 산 후궁이 살고 있었다. 왕의 노여움을 견디지 못하던 그 후궁은 포도 사건의 이야기를 전해 듣고 포도 창고로 갔다. 후궁은 창고의 포도에서 흘러나온 액체를 극약이라고 생각하고 죽기 위해 그 포도즙을 마셨다. 그런데 이상하게도 이 후궁은 죽기는커녕 오히려 흥에 겨워 노래를 부르고 춤을 추는 것이 아닌가?! 이것을 본 페르시아왕은 포도에서 나온 포도즙이 슬픈 사람을 기쁘게 만드는 신비의 힘을 가지고 있다고 생각했다. 그 후 본격적으로 이 신비한 음료(와인)를 만들도록 명했다는 이야기가 있다.

원래 전설이라는 것은 사실 여부를 확인하는 것 자체가 무의미하지만 와인의 시작은 이렇게 차츰 우리 생활 속으로 자연스럽게 흘러들어왔다.

슬픈 사람을 기쁘게 만드는 신비의 힘, 그것이 바로 와인이다.

와인은 굉장히 어렵고 복잡한 술이며, 마치 고상하고 인텔리전트 Intelligent한 자들의 취향이자 그들만이 가질 수 있는 명품인 양 생각하고, 혹은 엘리트들의 음료라고 생각하는 사람들이 아직도 많이 있는 것 같다.

이제 그 편견을 내려놓으면 어떨까? 어쩌면 그것은 신분 상승을 꿈꾸면서 사회적 지위나 자신을 인정받고 싶어 하는 욕심에 사로잡혔던 소수의 사람들이 만들어낸 이야기인지도 모르겠다. 물론 와인들 중 몇몇은 믿기지 않을 만큼 황홀하고 맛있는 와인들이 있다. 그래서 이런 명품 와인들을 모으며 인생의 의미를 부여하고, 그것에 대해 더 알기를 원하며, 생산자를 찾아 여행을 떠나고, 자신의 열정을 다하는 사람들도 있다. 그래서 복잡하다고 생각할 수도 있다. 그러나 그것은 일반적으로 와인을 즐기는 사람들의 영역은 분명 아니다.

다행스러운 것은 일반적으로 와인을 즐기기 위해서는 그토록 많은 지식이 필요하지 않다는 것이다. 와인은 그저 편안한 기분으로 천천히 행복하게 즐기면 된다. 와인은 부담스럽지도 심각하게 다룰 필요도 없는 술이며, 절대로 연구할 대상의 술도 아니다. 와인을 즐기기 위해서 우리에게 많은 지식이 필요한 것이 아니다.

몇 년 전 와인의 성서처럼 되어버린, 만화 '신의 물방울'의 주인공 시즈크와 같은 절대 미각과 후각이 없다고 자책할 필요도 없다. 누구든지 와인 향을 맡을 수 있고 와인에 관심만 있는 사람이라면 오케이다. 누구든 시작할 수 있고 누구든 즐길 수 있다.

어느 평론가의 말처럼 '그저 병에서 코르크 마개가 살짝 빠져 나올 때까지 그냥 코르크 마개를 뒤틀기만 하면' 된다.

그리고 아주 조금만 와인을 배운다면 더 큰 즐거움과 매력을 만날 수 있을 것이다. 그래서 와인의 매력에 푹 빠지게 되면 하나의 멋진 취미생활이 될 수도, 직업이 될 수도 있을 것이다. 자, 이제 사랑하는 사람들의 생일을 축하하기 위해 레스토랑에 가거든 당당하게 와인을 주문해 보자.

일찍이 플라톤은 "와인은 신이 인간에게 준 최고의 선물이다."라고 했고, 작가 빅토르 위고는 "신은 물을 창조했지만, 인간은 와인을 만들었다."라고 했다. 어쨌든 와인을 마시는 것은 인간의 몫이다. 이제 우리는 우리 몫을 당당히 즐기면 된다.

　이 글을 읽는 여러분은 이제 더 이상의 와인 초보자도 아니고, 와인에 대해 두려워할 필요도 없다. 어차피 세상의 어느 누구도 와인에 관한 모든 것을 알지는 못한다. 한 편씩 읽을 때마다 와인을 알아가는 기쁨이 있고, 느긋하고 여유 있게 와인의 참맛을 알 수 있는 글이 되길 바란다.

추천사

● 씨에스에프(주) 대표이사, BWS강남와인스쿨 이사장 **이동현** ●

2000년대에 들어 우리나라 와인시장이 급속하게 커지면서 우리의 주류소비 문화에 와인이 주인공으로 등장하기 시작했습니다. 이런 변화는 우리 사회 구성원들이 와인을 높게 평가하면서 마음 편히 와인을 즐기는 문화가 점차 자리 잡아가고 있다는 뜻입니다.

와인은 단순히 술이 아니라 하나의 문화를 이루었다고 보아야 합니다. 와인의 테루아를 논하며 함께 와인을 즐기는 사람들과 교감을 이룰 수도 있고 사교와 파티의 장에서는 필수품인 만큼 비즈니스나 대인관계 구축에 크나큰 도움을 줄 수도 있습니다.

이 책에는 대중적이면서도 인지도 높은 와인과 더불어 와인 애호가들이 인정하는 최고의 와인들을 소개하고 와인을 즐길 수 있는 방법을 다정한 친구에게 이야기하듯이 전해줍니다. 부디 독자 여러분들께서 휴식의 술이자 문화의 술인 와인을 가까이 즐길 수 있는 계기가 되길 바랍니다.

● 신효산업(주) 대표, 전 부산항만공사 부사장 **황성구** ●

'88서울올림픽' 목전 1987년에 와인이 수입 자유화된 이래 와인의 대중화가 그리 오래되지 않은 가운데 이제 와인을 즐기는 분들도 꽤 많아지고는 있으나 아직도 와인을 조금은 부담스럽고 어렵게 느끼는 이즈음에, 와인을 알기 쉽게 풀어써서 대중들이 와인을 좀 더 친근하게 대할 수 있도록 돕는 것이 이 책의 가치를 더해준다고 할 수 있겠습니다. 플라톤이 와인을 일컬어 '신이 인간에게 준 최고의 선물'이라고 했듯이, 와인은 이미 검증된 오감만족의 술이자 음료입니다. 이 책을 통해 우리나라 와인문화의 대중화와 함께 와인시장도 더욱 활발해지기를 희망해 봅니다.

● 대동대학교 교수 **배순철** ●

와인의 역사는 천년의 제국 로마 그 이상의 역사를 담고 있다고 합니다. 그래서 우리는 와인을 통해 인류의 찬란한 문화와 역사를 만날 수 있는 것입니다. 이런 매력을 가진 와인에 끌린 사람들이 모여 멋진 삶의 동반자가 되어 함께 와인을 마십니다. 그래서 저는 와인을 행복에너지가 마르지 않는 고요한 샘물이라 생각합니다. 무엇보다 이 책을 통해 와인의 진정한 아름다움을 만나고 세련되고 우아한 기품을 가진 신사와 숙녀를 만날 수 있음에 더욱 큰 기쁨을 느낍니다.

● 테리 라이언즈(Terry Lyons) ●

14년 전 전주에서 한 달에 한 번씩 와인 테이스팅을 시작했답니다. 첫 시음회에 온 윤우는 그때부터 지금까지 함께 해왔습니다. 그녀는 그때도 늘 메모를 했지요. 지금도 여전히 메모를 합니다. 테이스팅을 시작한 이래 지금까지 겨우 3번 밖에 빠지지 않았을 정도로 와인에 대한 열정이 대단합니다. 이 책은 그 열정의 증거입니다.

알록달록 다채로운 색감이 묻어날 것처럼 만들어진 이 책은 와인의 세계를 잘 이해 못하는 사람들, 와인에 대해 오해하고 있는 사람들에게 이해와 진실을 전해주는 편안한 안내서입니다. 윤우에게 축하의 인사를 보냅니다. 살루트(Salute) 윤우.

Fourteen years ago, I started a once a month wine tasting in Jeonju. Yun Woo was at the very first tasting. She took notes then. She still does now. And she has only missed three tastings since the first one! That alone shows Yun Woo's passion for wine. That passion is also evident in this book. It is well written, colorful and an easy to understand introduction to the often misunderstood world of wine.

Salute Yun Woo.

● 리더스클럽 회장, 책 쓰는 사장 저자 **유길문** ●

"삼겹살에 어떤 와인이 어울릴까? 고흐가 즐겨 마셨던 와인은 무엇일까?" 목차만 보아도 왠지 궁금해서 읽고 싶은 책이다. 와인에 문외한인 나에게 호기심을 갖게 하는 이 책의 매력은 어디에서 나온 것일까? 그림이 있어 볼거리가 많고 여행 및 문화와 결합을 하였기에 행복을 떠올릴 수 있기 때문이다. 저자는 대학교 교수이자 와인 전문가이다. 왜냐하면 와인 전문 지식을 가지고 있고 와인을 사랑하기 때문이다. 따라서 와인에 관심 있는 모든 분들에게 이 책은 특별함으로 다가올 것이다.

● 전북대학교 평생교육원 '와인향기를 찾아 떠나는 인문학 산책' 강사 **채광석** ●

플라톤은 말하였다. '와인은 신이 인간에게 준 최고의 선물이다.'라고. 김윤우 교수는 그 선물을 많은 제자와 사람들에게 더욱 잘 전하고 싶어 고심하고 노력했다. 그 결실이 이렇게 한 권의 책으로 탄생되었다. 지하 동굴 속에서 소리 없는 변화의 아픔을 은근과 끈기로 참아내며 빚어진 와인은 영롱한 진홍빛을 발한다. 와인은 고대부터 지금까지 수많은 사람들에게 존경과 사랑을 받아왔다. 김윤우 교수의 와인사랑으로 빚어진 이 책 한 권이 많은 이들의 풍요로운 삶을 영위하는 밑거름이 될 것이라 믿어 의심치 않는다. 책 발간을 진심으로 축하한다.

시각15, 안지영

1부

와인, 세계로 날다

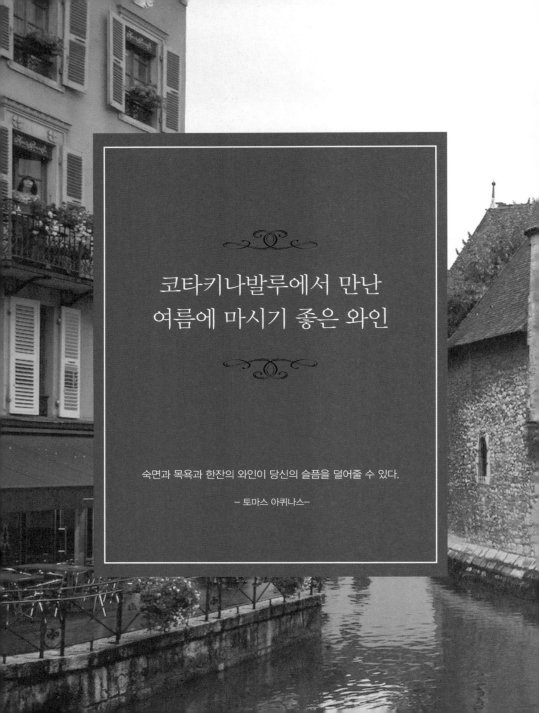

코타키나발루에서 만난
여름에 마시기 좋은 와인

숙면과 목욕과 한잔의 와인이 당신의 슬픔을 덜어줄 수 있다.

− 토마스 아퀴나스 −

말레이시아 보르네오 섬에는 천국으로 향하는 관문이 있다. '코타 키나발루', 황홀한 석양의 섬.

낙조에 물든 바닷가 풍경은 그 수식어만큼이나 환상적인 아름다움을 자아내는데, 그곳으로 여행을 갔다. 호텔 주변과 백사장에서 조깅을 하고, 자전거를 탄 후, 타는 목마름과 갈증을 해소하기 위해 풀장 옆 바Bar에서 맥주를 주문했다. 그러나 아이스 버킷Ice Bucket 속의 '모스카토 다스티Moscato d'Asti'를 발견하고는 주문했던 맥주를 취소하고 대신 달콤함과 상큼한 맛이 훌륭한 조화를 이루는 이 와인을 선택했다.

흔히 열심히 운동한 후에 기포가 힘차게 차오르는 맥주 한잔이 갈증해소엔 그만이라고 얘기들을 한다. 하지만 이제 맥주 대신 시원한 화이트 와인이나 샴페인을 마셔보는 것은 어떨까? 약간 씁쓸한 맥주가 주는 아쉬움보다 달콤한 뒷맛이 주는 카타르시스를 경험하고 싶다면 말이다.

우리들의 여름, 장마가 가고 나면 어쩜 지독한 더위와 싸울 준비를 해야 할지도 모르겠다. 더위란 놈을 이길 방법이 여러 가지가 있겠지만 그 중에 달콤 상큼한 와인이란 녀석도 잊지 말고 기억해 주길 바란다.

휴가 떠난 바닷가 백사장에서 연인과 함께, 날렵한 몸놀림과 강한 스매싱으로 배드민턴을 친 뒤에, 소풍 가는 기분으로 시원한 나무 그늘 아래 담요를 깔고 누워, Nancy Sinatra & Lee Hazlewood가 부르는 〈Summer wine〉을 들으면서 시원한 와인 한잔으로 더위를 잊어보라.

"내 여름 와인은 봄날의 딸기와 버찌 그리고 천사의 키스. 정말로 이 모든 것으로 만들어요. 나와 함께 있어줘요. 그러면 내가 만든 이 와인을 드릴게요."라는 달콤한 노래 가사를 음미하면서….

여름에 마시기 좋은 와인, 첫 번째는 화이트 와인

여름엔 떫은맛이 나고 상온으로 마시는 미지근한 레드 와인보다는 차가운 화이트 와인이 어울린다. 화이트 와인을 만드는 대표적인 포도 품종은 '샤르도네, 리슬링, 소비뇽 블랑' 등이다.

프랑스의 한 와인제조업자는 레드 와인은 건강을 주지만, 화이트 와인은 행복을 선사한다고 했고 미국의 소비뇽 블랑 제조업자는 말하기를 목마를 때 마시는 것은 물이지만, 즐거움을 원할 땐 와인을 마셔야 한다고 했다.

건강에 좋다는 이유로 마시는 레드 와인과는 달리 화이트 와인은

시각15, 김정하

그 자체를 즐기면 된다. 여름에는 화이트 와인을 차갑게 마시면 좋은데 대략 상온 6~8도 사이에서 마시면 좋다. 단맛이 강한 와인일수록 차게 마시면 더 좋은데 아주 시원하게 마시고 싶다면 상온 4~5도에서 마셔도 좋다.

추천할 만한 화이트 와인은 이탈리아의 모스카토 다스티가 비교적 저렴하게 마실 수 있는 와인이며, 프랑스의 소테른 지역 산지의 와인들도 새콤달콤한 맛이 뛰어나 초보자도 좋아하는 와인이다.

특히 소테른의 '샤토 디껨'이나 프랑스 앙리 4세의 세례식 때 사용되어 제왕의 위상으로 견줄 만큼 유명해진 '쥐라송Jurancon'은 단맛을 최대한 끌어올려 입 안 가득 꿀 향을 선사하는 비교적 고가의 와인이지만 여름에 마시기 좋은 와인으로 추천된다.

여름에 마시기 좋은 와인, 두 번째로 아이스와인

혹시 와인에 거부감을 갖고 있는 사람이라면 아이스와인을 권한다. 아이스와인이라고 하면 얼려 마시거나 얼음을 넣어서 마셔야 된다고 생각하는 사람도 있을 것이다.

하지만 아이스와인은 언 포도로 만든 와인을 지칭하는 것이다. 포도가 얼면서 당도가 높아져 화이트 와인보다 단맛이 강해 주로 식후 디저트로 많이 쓰는 와인이다.

독일의 아이스와인은 '리슬링' 품종으로 주로 만들고 캐나다의 아이스와인은 '비달' 종으로 만든다. 와인을 파는 곳에서 병이 좁고 긴 아이스와인을 쉽게 접할 수 있는데 일반 와인보다 양이 많지도 않은 것이 값은 만만치 않다.

아이스와인 중 추천하고 싶은 것은 상쾌하면서도 달콤한 맛을 지닌 안셀만 리스링 아이스바인이다. 또 가톨릭 대주교의 병을 낫게 해주었다고 하여 '베른카스텔의 의사'라는 별명이 붙은 '베른카스텔러 독터 리슬링 카비네트Bernkasteler Dr. Riesling Kabinett와 캐나다산의 달콤한 아이스와인도 권할 만하다. 또한 370ml 크기에 비교적 저렴한 호주의 '마운틴 크릭'도 유명세를 탄 아이스와인이다.

여름에 마시기 좋은 와인, 셋째는 샴페인

샴페인, 너무나 익숙한 단어이다. 친구들과 생일파티에 샴페인을 흔들어 터뜨려 보지 않은 사람이 있을까? 하지만 우리가 그토록 흥겹게 즐기면서 쏟아낸 술과 거품은 진짜 샴페인이 아니다. 만약 진짜였다면 아까워서 그렇게 하지도 못했을 것이다.

이번에 하나만 제대로 알아두자. 샴페인은 프랑스의 '상파뉴' 지방에서 만든 발포성 와인만 샴페인이라고 부를 수 있다. 상파뉴가 아닌 다른 지역에서 나오는 와인은 '스파클링 와인'이라 한다. 샴페인을 열 때는 코르크가 튕겨져 나오면 안 되고 거품이 넘치게 해서도 안 된다. 또한 7~10도에서 마셔야 탄산가스 거품이 잘 유지되고 특유의 신선하고 톡 쏘는 자극적인 맛을 즐길 수 있다.

샴페인 잔은 잔을 타고 올라오는 기포의 모양을 강조하기 위해 길고 좁다란 잔을 사용한다. 가장 유명한 샴페인은 최초 발견자인 수도사의 이름을 딴 '퀴베 돔페리뇽'과 사람들이 즐겨 찾는 '모엣 샹동 브뤼' 등이 있다.

화이트 와인을 마실 때는 이렇게

화이트 와인이나 샴페인 등 차게 마셔야 하는 와인은 몇 가지 주의할 사항이 있다. 먼저 손으로 잔의 몸통Bowl 부분을 감싸지 않도록 한다. 체온이 와인에 전해지지 않도록 잔의 다리Stem 부분을 잡는 것이 좋다. 꼭 그렇다는 것은 아니지만 일반적으로 와인을 고를 때, 레드

와인이 달면 저가에다가 품질이 좋지 않은 와인이 많고, 화이트 와인
은 달수록 품질이 좋은 와인이 대부분이다.

시각15, 안지영

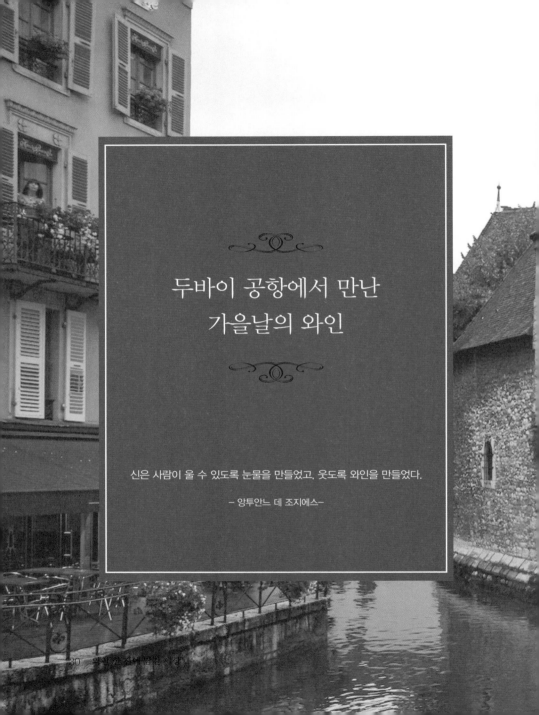

두바이 공항에서 만난
가을날의 와인

신은 사람이 울 수 있도록 눈물을 만들었고, 웃도록 와인을 만들었다.

– 앙투안느 데 조지에스 –

"해 지는 어스름한 저녁 무렵, 동네 꼬마 녀석들이 집에 갈 생각도 하지 않고 무리지어 놀고 있습니다. 그런데 순간, 소년 한 명만이 석양 앞에 서 있습니다. 신비한 고독의 기운이 주위를 감싸 돕니다."

와인을 다룬 만화의 한 페이지에서 이상하게 가을의 느낌을 강하게 받았다. 숨이 턱턱 막히게 덥던 여름의 끝자락이 곁에서 끈덕지게 붙어있나 싶었는데, 어느덧 창문을 닫지 않고는 잘 수 없는 가을이 왔다.

돌고 도는 자연의 순리는 어찌할 수 없는 것이다.

음악을 좋아하는 사람들은 음악예찬으로, 책을 좋아하는 사람들은 책 속의 이야기로, 저마다 가을을 맞이하기에 여념이 없다. 그러나 단언컨대 와인만큼 가을과 잘 어울리는 것이 또 있을까?

가을은 와인의 계절이다. 짙은 자줏빛깔 레드 와인과 가장 잘 어울리는 계절이다. 가을의 온도는 레드 와인을 마시는 온도와 비슷하다.

샹볼 뮈지니 라벨

9월과 10월 초가 되면 와인 생산지역들은 눈코 뜰 새 없이 바쁠 것이다. 보랏빛 포도송이들이 붉은빛의 와인으로 태어나기 위해 수확을 하기 때문이다.

'가을!' 하면 생각나는 향기가 있다. 가을의 와인에서는 과일 향이 난다. 가을엔 가을 냄새가 진한 레드 와인으로 가득 채우고 그 향에 흠뻑 취해 보기 바란다.

코끝을 싸하게 하는 부엽토, 낙엽, 버섯, 나무 냄새, 그리고 안개의 자욱한 느낌, 또 그 안개에 싸인 깊은 산속과 산기슭의 흙냄새 같이 가을의 와인에서도 이런 냄새가 난다.

상큼한 꽃향기보다는 과일 향이나 묵직한 토양의 향을 가지고 있는 와인들이 가을에 마시기 좋은 와인이다. 부르고뉴 지방의 피노 누아 품종이면 더 좋겠다. 젖은 나뭇잎의 향기와 야생적인 향이 묻어나는 '쥐브리 샹베르탱Gevrey-Chambertin', '포마드Pommard', '샹볼 뮈지니Chambolle-Musigny'를 마셔보자. 그리운 사람을 옆에 두고 부드러운 향에 취할 수 있다면 그야말로 최고의 가을밤이 되지 않을까?

8월 말에 이집트에 다녀왔다. 45도와 50도를 넘나들며 이집트 일주를 했다. 돌아오는 길에 두바이 공항에 들렀다. 그리고 면세점에서 부르고뉴 포마드와 샹볼 뮈지니를 샀다. 좋은 와인들이 너무나 저렴한 가격에 나와 있었다. 이들을 5년간 와인 셀러에 가둬 둘 것인지, 귀뚜라미 우는 가을에 지친 일상의 스트레스를 해소하고 반가운 친구들과 행복한 시간을 보내야 할지는 조금 더 생각해 봐야겠다.

이태리 피에몬테 지역의 와인도 가을에 잘 맞는 와인이다. 이 지역에선 '바롤로Barolo'와 '바르바레스코Barbaresco'라는 와인이 나오는데 우리 와인클럽 사람들은 바롤로를 더 좋아했던 것 같다.

하지만 이 두 와인 모두 '안개'라는 뜻을 가진 '네비올로' 품종으로 만들어지는데 상하를 따질 수 없는 최고급 품질이다. 또한 실크처럼 부드럽고 벨벳처럼 감미로운 칠레의 레드 와인 역시 가을의 정취를 느끼기에는 부족함이 없다. 복잡한 향들이 우아하게 조화를 이루는 론 지방의 '샤토네프 뒤 파프'도 이 가을을 풍성하게 해 줄 가을의 와인이다.

시각 15. 이한희

숨죽인 긴 역사의
한편에서 마신 남아공의
상징 '피노타쥐'

와인은 신이 우리를 사랑하고 우리가 행복하기를 바라는 변함없는 증거이다.

– 벤자민 프랭클린 –

아프리카 최남단 남아프리카 공화국, 그리고 남아공의 와인 랜드로 통하는 관문 케이프타운. 그곳에 남아공에서 다섯 손가락 안에 드는 와인명가 '캐넌캅 에스테이트Kanonkop Estate' 현관 액자에는 '피노타쥐'에 관한 명언이 쓰여 있다.

'피노타쥐는 여인의 혀와 사자의 심장에서 추출한 체액이다. 충분한 양을 먹어두면 끊임없이 말할 수 있으며 악마와 대적할 수도 있다Pinotage is the juice extracted from women's tongues and lion's hearts. After having a sufficient quantity one can talk forever and fight the devil.'

피노타쥐는 와인에 있어서 미국의 진판델이나 호주의 쉬라즈처럼 남아공의 상징이다. 피노타쥐는 피노누아Pinot noir와 쌩소Cinsaut 품종을 결합 재배하여 남아공에서 재배를 시작한 남아공의 대표 와인이다. 특히 쌩소는 남아공에서 까베르네 소비뇽 다음으로 가장 널리 재배되는 품종으로 주로 다른 품종들과 섞어서 와인을 생산하는 데 쓰인다.

〈피노타쥐 라벨〉

　90년대 초, 아프리카 선교사였던 친구가 케이프타운의 테이블 마운틴에 대해서 얘기해주었다. 케이프타운에 가면 도시 한쪽에 테이블처럼 평평한 산이 있고 그 위엔 아름다운 카페가 있는데 손을 뻗으면 하늘에 있는 구름이 잡힐 듯 하고, 유럽의 미소년 같은 남자들이 커피를 서빙 해주는데, 너무 아름다워 눈물이 났다고 한다. 그 후 난 죽기 전에 가봐야 할 곳 리스트에 케이프타운의 테이블 마운틴을 올려놓았다. 그리고 그 후 와인을 알게 되면서 케이프타운에 가야 할 이유가 또 하나 생겼는데, 바로 '와이너리 투어'였다.

2005년 드디어 아프리카에 갈 기회가 생겼다. 저렴한 패키지 투어였지만, 테이블 마운틴도, 와이너리 투어도 포함되어 있었다. 항상 느끼는 것이지만 뜻이 있는 곳에 길은 있게 마련이다.

그러나 기대가 너무 컸을까? 테이블 마운틴엔 손에 잡히는 구름도, 유럽의 미소년도 없었다. 기대했던 아프리카는 없고 그저 유럽의 어느 한 도시를 연상케 했지만 피노타쥐를 알게 된 것은 행운이었다.

가이드가 강력추천해서 샀던 KWV(1918년 설립된 국영협동조합이며 남아공의 유명한 와인 공장)에서 만든 피노타쥐 2002년산 병에 '1659년 희망봉에서 처음 와인이 만들어졌다.'고 쓰여 있는 것을 보면 남아공 와인의 역사는 350년에 가깝다.

그 증거로 1655년 첫 번째 포도농장을 시작한 농장주인 Jan의 1659년 2월 일기장에는 '오늘, 신에게 축복이 있기를…. 이곳 최초로 포도가 압축되었다.'고 기록되어 있다.

어쨌든 그럼에도 불구하고 남아공의 와인 산업이 크게 뒤처진 것은 1994년 넬슨 만델라가 이끄는 민주 정부가 수립되기 전까지 국제사회에서 정치적으로 고립되었던 것이 원인은 아니었을까? 하지만 지금 남아공은 와인 재배에 있어서 천혜의 조건을 가진 점을 이용, 세계 8위의 와인 생산국으로 거듭나며 브랜드 이미지 개선을 위해 노력하고 있다. 그 결과 KWV사는 100% 쉬라즈로 한 병에 100달러가 넘는 야심찬 아이콘 와인 '아브라함 페롤드 1996Abraham Perold 1996'을 만들었으며, 남아공의 안톤 루퍼트 그룹과 프랑스의 라피트로칠드 그룹은 남아공의 '오퍼스 원Opus One'을 공언하고 바론 에드몬드 1998의 보르도 스타일 고급 레드 와인을 선보였다.

이제 남아프리카 공화국은 '올림픽에서 금메달이 기대되는 나이 어린 선수', '세계에서 가장 드라마틱하게 아름다운 와인산지'라는 수식어가 붙어 있으며, 잰시스 로빈슨 같은 유명한 와인 전문가 역시 남아공 와인을 "이제부터는 전문가가 진지하게 따져봐야 할 〈심상치 않은 세력〉이다."라고 평가할 만큼 와인 산업 전반에 걸쳐 많은 변화를 시도하고 있다.

민주화와 함께 시작한 1994년을 남아공의 와인산업 현대화 원년으로 친다면 그 후 일부 와인 평론가들의 평가 점수도 그렇고, 신세계 와인 생산국 중 가장 구대륙적인 와인이라는 평가에 힘을 실어서 남아공의 와인을 긍정적으로 평가할 수는 있을 것으로 보인다.

    세계 시장을 겨냥한 슈퍼 프리미엄급 와인들의 생산을 통한 이미지 제고, 아이콘 와인 생산에 따른 노력, 그리고 다양하고 도전적인 실험들은 분명 남아프리카 공화국의 와인을 평가절상시킬 수 있는 초석임에는 분명한 것 같다.

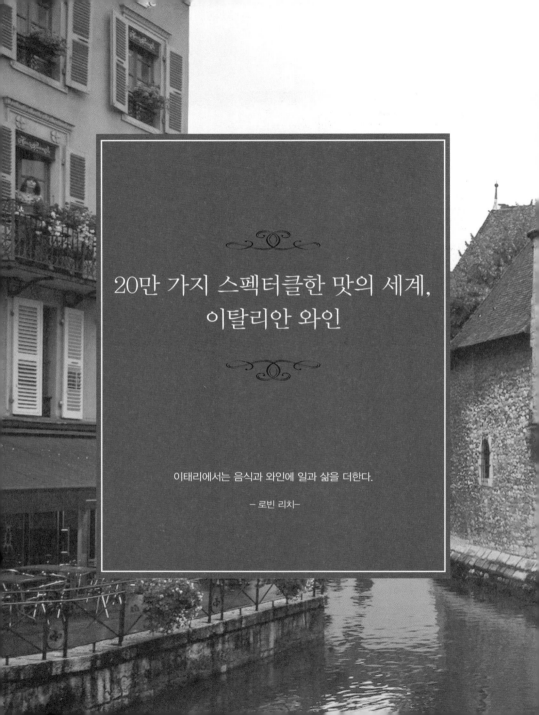

20만 가지 스펙터클한 맛의 세계, 이탈리안 와인

이태리에서는 음식과 와인에 일과 삶을 더한다.

- 로빈 리차 -

모든 것을 다 가진 여자가 있었다. 시드니의 하버가 보이는 아파트엔 그녀가 여행에서 가져온 고급 제품들로 가득했다. 성공적인 사업체, 멋진 장소로의 여행, 진귀하고 아름다운 기념품들…. 겉으로는 분명 그럴 듯해 보였다. 하지만 텅 빈 아파트에서 기다리는 것은 자동응답기의 메시지와 근처 타이 음식점에서 배달되는 1인분의 저녁식사. 〈칼라 컬슨의 『이탈리안 조이』 중에서〉

오랫동안 소유에 가치를 두었던 칼라 컬슨은 살림살이와 과거 그녀의 삶을 창고에 쑤셔 넣고 늘 마음 한구석에 자리한 이탈리아를 향해 떠났다. 이탈리아 와인이 열풍이다. 와인 생산량 세계 제1위는 프랑스가 아니라 이탈리아이다. 와인의 향기와 맛의 다양성은 믿기지 않을 정도로 광범위하고, 국토 전체가 포도재배에 적합하며, 남북으로 길게 뻗은 지형 때문에 기후와 풍토의 차이가 커서 와인의 종류도 다른 나라에 비교할 수 없을 만큼 풍부하다. 그래서 이탈리아 와인의 최대 매력은 한마디로 표현할 수 없는 다채로움에 있는 것인지도 모른다.

사람들은 왜 이탈리아를 좋아할까? 다양한 토착 와인과 토착 음식과 함께 일상적으로 인생을 즐기는 사람들이 있기 때문인 것 같다. 비행기 1등석의 안락함은 없어도 창문으로 들어오는 부드러운 햇살과 그 창문을 통해 안뜰과 이웃들의 생활을 엿볼 수 있는, 그래서 이웃집의 부부싸움까지도 삶의 일부가 되어주는 그런 포근함과 인간다움이 있어서일 것이다.

이런 생각을 하다 보니 난데없이 아파트에서 나와, 삶의 환경을 주택으로 옮기고 아담하고 소박한 정원에서 주말마다 이웃들과 함께 각자 가져온 음식을 나누며 와인 잔을 주고받을 수 있다면 얼마나 좋을까? 그런 기분 좋은 상상을 하게 된다.

이탈리아의 와인 종류는 무려 20만 개에 이른다. 이를 정리하고 통제하기 위해 프랑스와 같이 와인등급이 나뉜다. DOCG(원산지 통제보증 명칭)는 최상급 와인이다. 그 뒤를 이어 DOC(원산지 통제 명칭)가 있다.

이탈리아의 대표적인 산지는 북서부의 피에몬테와 중세 르네상스 운동의 중심지 피렌체에서 시에나에 이르는 중부 토스카나 주이다. 피에몬테는 '산기슭'이란 뜻을 가지고 있는데 말 그대로 알프스 기슭에 위치한 곳으로 최상급 DOCG와 DOC 와인의 보고라 할 수 있다.

피에몬테에서 생산되는 와인 '바롤로Barrolo'는 실로 '왕 중의 왕'으로 일컬을 만큼 이탈리아를 대표하는 최고급 와인이다. 포도 품종은 네비올로 종으로 8~10년 정도 숙성되었을 때 가장 마시기 좋은 장기숙성 형이며 신맛과 알코올이 많이 함유된 와인이다.

바롤로와 같은 네비올로 품종으로 만들어지는 바르바레스코Barbaresco 역시 감칠맛 나는 레드 와인이다. 바롤로와 같이 톡 쏘는 맛이 강하고 진한 탄닌, 타르, 제비꽃, 장미 등의 냄새가 어우러져 있다. 바롤로보다 우아하고 섬세한 것을 빼면 거의 흡사한 동생뻘 와인이라 할 수 있다.

다음은 아름다운 토스카나이다. 미켈란젤로의 다비드 상과 피사의 사탑, 그리고 중세의 분위기가 물씬 느껴지며 여행객이었던 나를 홀딱 반하게 만들어버린 시에나가 있는 지방, 그와 비교될 명성이 바로 토스카나에서 생산되는 '키안티Chianti' 와인이다. 세계에서 가장 친숙한 와인이라 할 수 있는 키안티는 산지오베제 품종으로 만든다. 독자적으로 엄격한 품질관리를 하는 '키안티 클라시코'는 키안티보다 더 감칠맛이 있다.

이탈리아 와인을 유명하게 한 장본인은 바로 '브루넬로 디 몬탈치노'다. 이 와인 역시 산지오베제라는 포도품종으로 만들어지는데 '토스카나의 보석'이라 불리는 몬탈치노에서 생산된다. 그래서일까? 몬탈치노에서는 산지오베제를 브루넬로라고 부른다. 특별히 브루넬로를 세계 시장에 알린 회사는 카스텔로 반피인데 세계적 와인전문지 〈와인

스펙테이터〉에서 이 브랜드는 오랫동안 '전 세계 최고의 브루넬로 와인'으로 평가받을 것이라고 극찬한 바 있다.

레드 와인 외에 피에몬테주의 단맛 나는 스푸만테로 우리가 잘 아는 '아스티Asti'와 '모스카토 다스티'는 크리스마스 디저트 와인으로 유명하다.

알프스가 품은 안개 낀 토스카나의 와인 밭을 지나면서 영화 '레터스 투 줄리엣'의 감성에 사로잡혀 행복했던 때가 바로 어제 같이 느껴지는 오늘이다. 바쁜 삶을 살다가 어느 날 갑자기 모든 걸 버리고 이탈리아로 훌쩍 떠날 수는 없어도 이탈리아의 매력을 듬뿍 담은 와인 한 병으로 삶의 독기를 쏙 빼는 하루가 되길 기대한다.

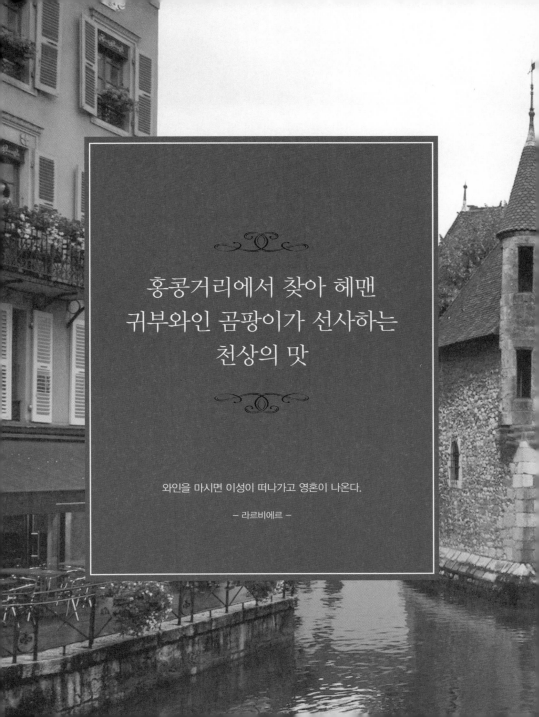

홍콩거리에서 찾아 헤맨
귀부와인 곰팡이가 선사하는
천상의 맛

와인을 마시면 이성이 떠나가고 영혼이 나온다.

- 라르비에르 -

귀부. 귀할 귀貴·썩을 부腐, Noble(고상한, 고결한) · Rot(썩은).

썩었다는데 고결하다는 것, 귀하게 썩었다는 것이 도대체 무슨 말일까? '보트리티스 시네레라Botrytis cinerera'라고 하는 세균이 붙으면 포도 열매가 쪼글쪼글해진다. 이 세균은 포도의 수분을 증발시켜버린다. 그리고 세균이 번식하면서 포도를 곰팡이로 변하게 만드는데, 마치 상한 포도처럼 보이지만 실제로 포도의 알맹이들은 이 세균에 의해 다양한 반응과 함께 당도 높은 포도로 변신한다.

이로 인해 아주 달콤하고 복잡한 천연 당분을 가진 와인이 만들어진다. 벌꿀 향을 간직한 이 최고급 와인, 썩어서 먹을 수 없을 것 같지만 그것은 최고급의 귀한 와인을 만들어내는 전주곡임을 생각하면 썩었지만 고결한 와인, 바로 귀부와인의 의미를 알 수 있을 것이다. 특히 여름엔 맑은 날씨가 계속되고 수확 때까지는 아침엔 안개, 오후엔 맑은 날씨를 가져야 하는 등, 까다로운 조건을 만족시키지 못하면 와인을 만들 수 없기 때문에 귀부와인은 정말로 귀한 와인이라 할 수 있다.

프랑스의 쏘테른 지방, 헝가리의 토카이Tokaji 지방 그리고 독일의 트로켄베렌아우스레제Trockenbeerenauslese(TBA로 줄여 표현함)는 세계 3대 귀부와인 산지로 명성이 높다.

쏘테른은 물안개로 아주 유명한 지역인데, 이곳은 가론 강과 시론 강이 만나는 곳이므로 특히 아침이면 물안개가 자욱한 지역이다. 수분이 많은 지역이라서 균이 핀 포도가 많을 수밖에 없는데 농부들에겐 최악의 환경이지만 놀랍게도 균이 핀 이 포도가 꿀물 같은 깊은 맛으로 보답을 한다. 쏘테른 지방의 유명한 귀부와인 '샤토디켐'은 화이트 와인 중 최고로 치며 세계 3대 요리인 푸아그라와 어울리는 와인으로도 유명하다. 헝가리의 명품 '토카이'는 어떤가! 토카이는 수도 부다페스트에서 서북 방향으로 티셔 강과 보드그로 강이 만나는 곳에 위치한다.

몇 가지의 품질 등급이 있는데 이 토카이는 세계에서 가장 오랜 기간을 저장해 마실 수 있는 와인이다. 프랑스의 루이 15세가 자신의 정부였던 마담 드 퐁파두르와 함께 마시던 술자리에서 '이 와인은 왕들의 와인이며, 와인의 왕이다.'라고 한 데서 전설적인 명성을 가지게 된 와인이다.

포도 곰팡이

홍콩으로 언니랑 조카와 함께 '먹방' 투어를 갔다. 혀 위에서 눈 녹듯이 녹아내리는 금가루가 뿌려

토카이 라벨

진 딤섬, 카푸치노 한 잔과 갓 구워진 에그타르트의 궁합에서 거의 쓰러질 뻔 했던 기억들이 아직도 나를 홍콩거리에서 헤매게 한다. 와인 숍이 즐비하게 늘어선 거리를 걷다가 세일 안내문을 보고 들어간 곳에서 헝가리 '토카이 레벨 5'를 사들고 호텔방에서 우아하게 그리고 행복하게 마시던 그런 기억들이, 갑자기 짐을 싸서 떠나게 하는 이유가 되어버린 지 오래다.

독일인에게 가장 좋은 와인은 누가 뭐래도 스위트 와인이다. 몇몇 평론가들은 독일의 스위트 와인을 세상에서 가장 훌륭한 스위트 와인으로 인정하기도 한다. 고상한 부패에 의해 감염된 이 포도 열매들을 와인 제조에 사용하면 와인의 당분이 놀라울 정도로 높아지는데 도저히 묘사할 수 없는 복잡한 맛을 내게 된다. 귀부와인 특유의 쏘는 듯한 꿀 향이 잘 살아나며 엄청난 당도와 함께 산도와 치밀한 구조감을 가진 TBA, 역시 그래서 가격이 좀 비싸다.

시각15, 안지영

인생을 즐기는 씨에스타,
와인을 즐기는 스페인 축제

와인을 마실 때는 항상 청춘인 것처럼 즐겨라

- 아쉴샤베 -

로마시대 이전부터 포도를 재배해 온 스페인은 역사만큼 와인산업도 고락을 함께해왔다. 스페인은 지리적으로는 건조하며 산악지대가 주를 이룬다. 기후는 무더운 날씨와 비가 적은 이유로 황폐한 토지를 가지고 있으면서 반면 세계에서 가장 넓은 포도재배지를 가진 나라이다.

하지만 주로 고산지대에서 생산되는 와인이 많고 포도나무의 수령이 오래되어 포도주 생산량은 면적에 비해 적은 편이다. 그런 이유로 이탈리아, 프랑스 다음으로 세계에서 세 번째로 많은 와인을 생산하는 국가이기도 하다.

필자가 처음 와인을 마시던 때만 해도 스페인 와인 하면 값싼 테이블 와인이라는 인식이 팽배했고 와인 맛이 평범하여 부담 없이 마시는 데일리 레드 와인을 연상해 왔지만, 1980년대 이후 꾸준한 품질관리로 최근에는 세계 어디에 내놓아도 손색이 없는 수준이 되었다. 또한 칠레 와인의 인기를 제치고 와인업계의 키워드로 떠오르고 있다.

1950년대 후반 스페인 와인의 품질개선 노력은 '리오하Rjoja'에서부터 시작되었는데, 이는 많은 사람들이 스페인 와인에는 '세리' 밖에 없다는 인식을 불식시키기도 했다. 역사적으로 19세기 말에 유럽을 초토화시킨 필록세라가 스페인에도 어김없이 찾아왔으나 리오하 지방은 필록세라의 피해를 입지 않았다. 또한 이때 프랑스의 보르도에서 이주한 와인전문가와 양조기술자들이 리오하에 정착하면서 보르도의 와인제조기술이 리오하에 전수되었다. 그 이후 리오하의 와인맛과 품질은 대거 향상되었으며 프랑스 AOC 제도 비슷한 DO등급 제도를 도입하여 품질을 관리하기 시작하였다.

스페인 와인 등급은 크게 DOCa(최고등급), DO(원산지호칭제한), VdlT(산지명표기), VdM(테이블와인) 등 4등급으로 나눈다. 좀 더 설명하자면 1972년부터 스페인 정부에서 와인을 DO와인Denominaciones de Origen과 테이블와인Vino de la Tierra으로 구분하고 있는데 이탈리아 와인 전체의 약 10% 만이 DOC 와인인 반면 스페인은 절반 이상이 DO와인이다. 또한 1991년에는 DO와인보다 더 고급 와인인 DOCaDenominaciones de Origen Calificada 원산지 표기방법을 쓰고 있는데 그 수는 약 40개 정도이고, 현재까지는 리오하가 유일한 DOC 와인이다.

리오하 와인은 원산지 표기법 이외에도 와인의 숙성기간에 따라 등급과 품질을 분류하고 있는데 맨 아래 등급인 '비노호벤Vino Joven'은 만든 지 1년 안에 시장에 나오는 와인이며 프랑스 보졸레 와인과 비슷하다. 그 다음 등급인 '크리안차Crianza'는 양조장에서 최소 2년 이상 숙성시킨 와인을 말한다(화이트 와인은 6개월 숙성된 것을 말함). 세 번째 '리제르

리오하의 모습

바Reseva'는 양조장 즉 보데가에서 최소한 3년 이상 숙성시킨 와인으로 최소한 1년은 오크통에서 숙성시켜야 한다. 가장 높은 등급인 '그란-리제그바Gran-Reseva'는 오크통에서 최소 2년 이상, 병에서 최소한 3년 이상을 숙성시킨 와인이다.

　스페인의 포도 품종은 200여 종에 이르지만 일반적으로는 레드 와인의 최고 품종인 템프라니오Tempranillo, 그라나차 틴타Garnacha Tinta, 그라치아노Graciano, 모나스뜨렐Monastrel 등이 있고, 화이트 와인 품종으로는 말바시아Malvasia, 비우라Viura, 가르나초 블랑Garnacho Blanco, 그리고 가장 수확량이 많은 아이렌Airen이 유명하다.

스페인 와인의 주요 산지를 보면 레드 와인은 리오하 지방과 리베라 델 두에로, 라 만차가 있고, 화이트 와인으로 유명한 지방은 페네데스가 있다. 먼저 리오하는 스페인 북중부에 있고 스페인 최고급와인 산지이다. 대표적인 포도 품종으로는 템프라니오Tempranillo이지만 그라나차Garnacha 품종을 섞어 만들며 75퍼센트 이상 레드 와인을 생산한다. 리오하는 와인 생산 지역을 세 개로 나누는데 리오하 바하 지역은 알콜 함량이 높고 맛이 밋밋한 것이 특징이고, 리오하 알라베사 지역은 숙성이 길지 않아 금방 마시기 좋으며, 과일 맛이 풍부한 것이 특징이다. 또한 리오하 알타 지역은 고급 와인 생산지이다. 특히 '하로' 지방은 와인 전투로 유명한데 미사 후 사람들에게 와인을 쏟아 부으며 전투를 한 다음, 참여자들 모두 모여 음식과 와인을 나눠 마시는 축제이다. 적당히 먹고 취한 참여자들은 달콤한 낮잠을 자게 되는데 이것이 그 유명한 '씨에스타'이다. 정열의 나라 스페인이 인생을 즐기는 방법이랄까?

리베라 델 두에로Rivera del Duero는 '스페인의 로마네 콩티'라고 불리는 곳으로 마드리드 북쪽에 위치해 있고 스페인에서 가장 빠르게 와인 산업이 발달하고 있는 곳이다. 스페인에서 단일 품종으로 유명한 와인은 스페인에서 신화적인 존재로 불리는 와인 생산자 베가 시실리

시각15 이한희

아가 만든 '우니코Unico'이다. 우니코는 주로 템프라니오 20%에 카베르네 소비뇽 포도로 만든다. 특징은 농도가 진하고 수명이 오래가며 탄닌 성분이 많다는 것이다. 오크통에서만 10여 년 동안 숙성되는 아주 값비싼 와인이다. 라 만차La Mancha는 돈키호테로 유명한 지역이며 세계에서 가장 넓은 포도밭을 가진 지역이다. 스페인 테이블 와인의 절반 이상이 생산되는 곳이기도 하며 80퍼센트가 화이트 와인을 생산한다. 페네데스Penedes는 화이트 와인 산지로 스페인의 유명한 와인 '카바'의 95퍼센트를 이곳에서 생산한다.

남유럽의 향기 담은
산타바바라와 소노마에서의 하루

와인은 세상에서 가장 고상한 것이다.

- 헤밍웨이 -

산타바바라. 로스앤젤레스에서 자동차로 두 시간 거리. 일 년 내내 따뜻하며 아름다운 꽃들이 피고 지는, 남유럽의 향기가 살아있는 듯한 캘리포니아의 작고 아담한 휴양도시이다. 그곳에 내 친구가 살고 있었다. 내가 처음 그곳을 방문했을 때, 산타바바라에서는 지역 축제가 한창이었다. 거리 양쪽엔 이미 사람들로 가득 메워졌고, 오래전부터 준비한 축제에 주민이 모두 참여하는 모습이 인상 깊었다. 축제는 화려했고, 참여한 사람들의 흥미를 끄는 놀이마당이 벌어졌다.

산타바바라의 법원 뒤뜰 잔디밭은 이 축제를 위해 주민들에게 오픈 되었고, 사람들은 저마다 담요를 깔고 앉아 간단한 스낵과 함께 무대에 오른 아이들의 장기를 즐기고 있었다.

친구가 살고 있는 집의 주인 프레드 부부는 아주 좋은 사람들이었는데 주말이면 어김없이 근처의 산타이네즈 밸리, 솔뱅 아니면 소노마에서 와인을 곁들인 저녁식사를 하고 오곤 했다. 벌써 30년이나 된 일상이라고 했다. 산타이네즈 밸리의 와이너리는 영화 사이드 웨이의 무대가 되었던 곳이다.

솔뱅Solvang은 내가 가장 좋아했던 곳인데, 덴마크 풍의 작고 아담한 마을로, 풍차와 덴마크 전통 의상을 입고 관광객을 맞이하는 선물 가게나 레스토랑의 직원들로 인해 마치 유럽에 온 것 같은 착각을 느끼게 했다. 이곳은 덴마크보다 더 덴마크답다는 평을 들으며 미국인들의 사랑을 듬뿍 받고 있는 곳이다.

소노마 카운티는 사실 미국의 대표 와인 산지인 나파 벨리보다 더 넓은 지역과 많은 벨리를 형성하고 있지만 그 명성을 나파에 내주고 있는 것이 사실이다. 하지만 나는 개인적으로 소노마의 와인 맛을 잊

시각15, 민호준

을 수가 없다. 꽃같이 예쁜 마을과 크고 작은 와인 관련 상점들, 아기자기한 이벤트와 와인과 함께 하면 좋은 치즈, 초콜릿이 너무 맛있었고, 다양한 상품 설명회나 시음회가 관광객을 기쁘게 해주는 곳이다. 이곳은 포도 재배뿐만 아니라 소 축산으로도 유명한 곳이어서 스테이크는 물론 소젖으로 만든 치즈나 아이스크림 맛이 일품인 곳이기도 하다. 지금도 너무나 행복한 기억으로 남는 것은 소노마 카운티에 12개의 포도밭을 소유하고 있는 로드니스트롱 와이너리에서 셰익스피어의 올드 작품을 보며 그곳의 와인을 마신 일이다. 로드니스트롱 와이너리는 캘리포니아에서 가족 경영 와이너리로는 가장 큰 규모로 45년간의 세월을 견뎌 프리미엄급 와인을 만드는 와이너리이다.

　나와 친구는 우선 담요를 잔디 위에 깔고 우리의 영역을 만든 후에 레몬과 사과향이 풍부하며 파인애플과 배의 산뜻한 산도를 느낄 수 있는 와인인 샤도네이Chardonnay한 병과 미국 오크통에서 12개월간 숙성시켜, 풍부한 과일 향과 잘 익은 타닌의 느낌이 있는 까베르네 소비뇽 한 병을 시켰다. 그리고 환상의 맛을 지닌 크림치즈를 크래커에 발라 와인과 함께 마셨던 일은 지금도 짜릿한 경험으로 남아있다. 가져오겠다고 했던 와인들은 끝내 너무 많은 짐 때문에 어찌하지 못하고 친구랑 여행 중에 다 마셔 버리고, 그나마 샴페인 한 병이라도 가져올 수 있었음이 얼마나 다행이었는지….

　오늘도 나는 그곳에서 마셨던 와인들을 열거하며 그날의 여행, 연극 그리고 와인을 그리워하고 있다. 블랙베리와 잘 익은 자두 향, 그리고 초콜릿 맛이 길게 나면서 피니쉬가 부드러웠던 알렉산더 벨리에서 나는 시미트리Symmetry 와인, 민트 향이 조금 나는, 그래서 허브 향을 느끼게 해준 둥글둥글하고 모나지 않아 부드러운 느낌마저 났던 알렉산더스 크라운 C/S(까베르네 소비뇽), 검붉은 색상과 잘 익은 과일 향이 풍부하여 타닌의 조화를 이룬 노티 바인즈 진판델, 그리고 언제나 맛있게 마시고 있는 부드러운 메를로 등을 생각하며 담요 위에 길게 엎드려 연극을 보던 그 한가로움이 미치도록 그립다.

산타바바라 소노마에서의 하루

2부

와인, 문화를 입다

티냐넬로와 영화 속 와인

페니실린은 인간을 치료하고 와인은 인간을 행복하게 만든다.

− A. 플레밍 −

"뜻밖의 일은 항상 생긴다. 그로 인해 인생이 달라진다. 다 끝났다고 생각한 순간조차 좋은 일이 생길 수 있다. 그래서 더 놀랍다."

영화 〈투스카니의 태양〉의 마지막 대사이다. 영화를 볼 때마다 꽤 괜찮고 매력적인 여배우라고 생각했던 다이안 레인이 맡은 역인 프랜시스의 마지막 내레이션이다.

추석에 가족이 모여 저녁식사를 하는 자리에서 '티냐넬로Tignanello'를 마셨다. 벨벳처럼 부드러운 이 와인을 마시면서 영화 〈투스카니의 태양〉을 떠올렸던 것은 티냐넬로 와인이 이탈리아 토스카나 와인의 대명사 격이기 때문이기도 했지만 그림같이 아름다웠던 영화 속 토스카나의 모습과 줄지은 포도나무들이 행복한 기억으로 연상되었기 때문이었다. 아니 어쩌면 인생에서 가장 소중한 것들이 사라진 절망 속에서 만나는 기적 같은 희망 이야기가 티냐넬로의 부드러움 속에서 다시 살아난 것인지도 모르겠다.

와인을 마시면서 생긴 버릇이 여러 가지가 있는데, 그 중 하나가 영화나 드라마를 볼 때 생긴 것이다. 영화나 드라마 속에서 와인을 마시는 장면이 나오면 그 와인이 무슨 와인인지 보기 위해 안달하는 모습이다. 마치 우리 아버지가 스포츠 경기를 보며 자신이 선수인 양 온갖

제스처를 하며 TV 속으로 들어가던 모습처럼. 그런데 정작 내가 그런 모습의 주인공이 될 줄이야…. 와인 라벨을 보기 위해 이리저리 몸을 흔들며 들이대느라 정작 영화의 내용을 놓치는 경우가 허다하다.

와인 영화의 지존 〈사이드 웨이〉는 열 번도 더 본 영화이다. 주인 공 와인 애호가의 피노누아 예찬은 미국 사회에서 피노누아의 매출 상승을 초래할 정도였고, 그의 완벽한 철학이 담긴 와인 예찬을 받아 적느라 DVD를 수차례나 리와인드 해야 했다.

"피노는 까다롭고 재배하기 어려운 품종이지만 그만큼 충분한 가 치가 있는 와인이지. 신경 안 써줘도 아무 데서나 자라는 카베르네와 는 달라. 끊임없이 신경 쓰고 돌봐줘야 하는 골치 아픈 녀석이지만 굉 장히 복잡하고 다양한 맛을 지녔거든."

"와인은 마치 생명체와도 같다. 한 잔의 포도주를 마시면 포도를 재배했을 때 기후는 어땠는지, 얼마나 공을 들였는지, 또 수확하는 시 기마다 달라지는 오묘함…. 결국은 최고로 숙성되어 찬란한 삶을 마 감하는 것이 인생과 같다."

와인에 관한 고전이 따로 없을 정도의 멘트가 수없이 나온다. '61 년산 슈발블랭', '95년산 오퍼스 원', '83년 사시카이아', '부르고뉴 로

영화 '투스카니의 태양' 포스터 그림, 시각15, 김성은

UNDER THE TUSCAN SUN

마네 콩티의 리쉬브르' 등 와인의 명품들이 쏟아져 나왔다. 가격 앞에서 '헉' 하고 무너져도 발품 팔아 라벨이라도 보고 싶었던 와인들…. 영화를 보는 또 다른 즐거움인 것만은 확실하다.

영화 〈악마는 프라다를 입는다〉에서는 이탈리아 토스카나에서 생산되는 '귀족 와인'의 대명사 루피노사의 와인 '리제르바 듀칼레 키안티 클라시코'가, 〈범죄의 재구성〉에서는 주인공의 한마디에 칠레 와인이 프랑스 와인과 이탈리아 와인의 인기를 제쳤으며, 〈007〉에서는 와인으로 가짜 첩보원을 잡아내기도 했다. 〈007 위기일발〉에서 가짜 첩보원이 바보같이 생선요리에 '키안티 레드'를 주문하질 않나(키안티는 화이트 와인이 없기 때문에 굳이 레드 와인을 언급할 필요가 없음), 〈007 다이아몬드는 영원히〉에서 본드가 '샤토 무통 로칠드'를 보며 "클라렛이 좋은데."라고 말하자 "클라렛이 떨어졌는데요."라고 말해 가짜임이 탄로 난다. 영국에서 보르도 레드 와인을 '클라렛'이라고 부른다. 그리고 '샤토 무통 로칠드'는 보르도의 레드 와인이다.

〈섹스 앤 더 시티〉의 샴페인 '뵈브 클리코'는 잘나가는 뉴요커를 대변하고, 〈작업의 정석〉 '샤토 오브리옹'과 〈타짜〉 '샤토 무통 로칠드' 도 영화를 보는 와인 애호가의 엉덩이를 들썩이게 하기에 충분하다.

영화 Sex & the city에서

10월 14일은 '와인데이'이다. 가족들과, 연인과 함께 와인 한잔을
나누며 영화로 즐거운 시간을 갖는 것도 좋을 듯싶다.

예술가들, 고흐는 왜 압생트를 즐겨마셨나?

예술이 빵은 아니지만 인생에서의 와인이다.

– 요한 파울 프리드리히리히터 –

벌써 10년을 맞이했다는 어느 문화 공간의 미술기행에 동참한 지 꼭 1년이 되었다. 갈 때마다 왜 진즉 참여하지 못했을까 후회스럽지만 지금도 이를 알지 못하는 사람들이 있음을 생각하면 왠지 남이 갖지 못한 진귀한 것을 나만 가진 것 같은 쏠쏠한 행복이 있다.

중국 여행의 피로가 채 가시기도 전에 미술기행 버스에 올랐다. 이유야 어떻든 가장 좋아하는 것은 이유 없이 좋고 무조건 좋은 것은 백 가지 이유보다 강한 한 가지 이유라고 했다.

이번 기행에 빠질 수 없었던 이유는 '불멸의 화가 반 고흐'의 불후의 명작들을 한자리에서 총체적으로 감상할 수 있는 절호의 기회이기 때문이었다. 10년의 화가 생활과 37년의 극적인 삶을 통해 보여 준 그의 작품들, 강렬한 노란 색채와 푸른 색감을 직접 가까이에서 느껴 보고 싶었다.

미술 전시의 월드컵이라 불릴 만큼 치열한 경쟁을 뚫고 치러지는 서울에서의 반 고흐전이다. 특히 서울로의 첫 해외 나들이에 나선 작품 '아이리스'는 그의 명작 '해바라기'를 볼 수 없는 아쉬움을 달래줄지도 모르는 일이다.

유화작품 45점과 드로잉, 판화작품 22점과 '감자 먹는 사람들' 등 가난한 농민 사회의 처참한 생활상을 화폭에 담으며 춥고 어두운 네

시각15. 김재훈

덜란드 시기(1880~1885), 인상파의 빛을 통해 자신의 화풍의 기틀을 마련한 파리 시기(1886~1888), 이상향을 꿈꾸며 색채의 무한한 신비를 마음껏 구현한 아를르 시기(1889~1889), 불타는 예술혼을 자연의 묘사를 통해 분출하던 셍 레미 시기(1889~1890), 그리고 생의 마지막을 장식한 79일간의 오베르 쉬르 우와즈 시기(1890)로 구성된 국내 최초의 회고전이었다.

생전에 그림을 하나 밖에 팔지 못하였고, 동생 테오에게 평생 도움을 받으며 생계를 유지할 수밖에 없었던 불운하고 서글픈 인생, 자기의 귀를 스스로 자르고 정신병원에 갇히더니 결국은 서른일곱이라는 젊은 나이에 세상을 등져야 했던 비운의 화가에게 술 한 잔쯤 따라주고 싶은 마음이 간절할 즈음 〈압생트가 담긴 잔과 물병〉이라는 고흐의 작품이 눈에 들어왔다.

압생트는 19세기 프랑스에서 즐겨 마시던 술로, 특히 예술가들 사이에서 인기가 높았던 값싸고 도수 높은 술이다. 정신이상을 유발하고 환각 효과가 있다는 이 술을 반 고흐 역시 무척 즐겨 마셨으며 그로 인해 자신의 귀를 잘랐다는 후문까지 있다. 이 그림을 그릴 당시 고흐는 거의 알코올 중독 상태였으며 그림은 작가의 외로움과 고독을 잘 나타내 주고 있었다. 고흐, 마네, 로트렉, 피카소 모두 이 압생트에 푹 빠진 화가들이었다고 한다.

예술가들은 왜 그렇게 많은 술을 마실까? 그들이 보통의 사람들보다 더 많이 가졌다는 고뇌의 무게 때문일까? 그들에게도 고뇌는 달아나고 싶은, 벗어버리고 싶은 삶의 고통이었을진대, 그래도 어쩌면 그들에게는 고뇌가, 고통이 그나마 작품을 완성시키는 결정적 촉매 역할을 하였는지도 모르겠다. 그리고 그들에게 술은, 없어서는 안 될 '필요악'이었는지도 모르겠다.

예술가들 중에는 창작의 고통과 정신질환을 견디기 위해 술을 약 삼아 남용한 사례가 적지 않다. 미치지 않고는, 평범해서는 그 벅찬 예술의 세계를 감당할 수 없었던 모양이다. 짧은 인생을 극적으로 마감한 모딜리아니는 고뇌의 고통을 잠재우는 치료제로 레드 와인을 주로 마셨다고 한다. 고통을 치유하듯 그렇게 붉은 포도주를….

내내 그림을 보면서, '인생의 고통이란 살아있는 그 자체다.'라는 말을 남기고 죽었던, 그렇게까지 처절한 삶을 살았던 고흐의 파란만장했던 인생을 위해서, 또 고통 속에 힘들어 했을 이 위대한 예술가의 영혼을 편하게 잠재우기 위해서 과연 어떤 와인이 어울릴까 생각해 본다. 척박한 땅의 고통을 인내하고 세상이 금방 알아주지는 못했지만 두고두고 명품 와인으로 이름난 그런 와인이면 딱 좋겠는데….

이메데오 모딜리아니 〈큰 모자를 쓴 잔 에뷔테른〉

스테이크만큼 보양식에도
어울리는 와인

내가 건강을 지키는데 와인은 필수품이 되었다.

- 토마스 제퍼슨 -

푸아그라　　　　　　　　　　　　푸아그라를 만드는 과정

소설『장미의 이름』의 저자인 움베르트 에코가 한국의 개고기 문화를 비판한 프랑스 여배우 브리짓도 바르도B.B를 '파시스트'라고 비판했다. 에코는 어느 해 여름 '세계의 문학'에 대담을 실으면서 '한국인들이 개고기를 절대로 먹어서는 안 된다고 주장하는 그녀는 파시스트로 밖에 볼 수 없다.'고 말했다. 그는 '상이한 문화권에서 서로 다른 관습이 존재한다는 것을 이해해야 한다.'라고 주장했다.

아이러니하게도 그녀B.B의 나라 프랑스의 '푸아그라'가 당당하게 세계의 3대 요리에 올라가 있다. 그들은 맛있는 거위의 간을 먹기 위해 거위의 목구멍에 깔때기를 끼우고 움직이지 못하게 묶은 상태로, 그 깔때기에 먹이를 쑤셔 넣어 거위의 간에 스트레스를 준다. 그렇게 죽은 거위의 간으로 만든 음식이 푸아그라다.

예전에 나는 '2003년 그레이트 빈티지 보르도 레드 와인'을 선물 받은 적이 있다. 코키지Corkage fee 서비스를 받고 스테이크에 곁들여 마시려고 그 와인을 들고 레스토랑을 찾았다. 전채 요리로 거위 간이 나왔고, 가져간 와인을 함께 마셨다. 전채 요리의 대표음식인 푸아그라에는 보르도 화이트 와인인 '샤토디껨'이 제 맛이라고 하지만, 그 날 보르도 레드 와인은 그야말로 환상적인 궁합을 이뤘고 푸아그라의 맛뿐만 아니라 와인의 맛도 더욱 빛나게 했다. 이 예상치 못한 발견에 한동안 얼마나 기뻤는지 모른다. 그때 그 음식이 개고기였다면 어땠을까 하는 발칙한 생각이 들었다.

여름은 보양식의 계절이다. 무더위에 지친 몸에 보양식과 잘 어울리면서 몸에 좋은 와인 한두 잔을 곁들여 보는 것도 괜찮을 듯싶다.

복날에 가장 많이 먹는 삼계탕을 가벼운 와인과 함께 해 보자.

샤블리나 프랑스 알자스 지방의 리슬링도 좋고 프랑스 부르고뉴 지방의 와인도 나쁘지 않다. 삼계탕의 담백한 맛을 살려주는 데는 신맛이 살짝 감도는 화이트 와인을 추천한다. 나와 친구들은 '몽꾸꼬'라는 모스카토 와인과 함께 삼계탕과의 조화를 테이스팅 해보았다. 장어구이에는 약간 드라이한 샤르도네 와인이 제격이고 양념을 한 구이에는 프랑스의 생떼밀리옹 와인을 추천한다.

거부감을 가지는 사람들도 많이 있겠지만 우리나라에서 보양식을 꼽으라면 아직까진 개고기가 빠지지 않는다. 와인 애호가들 중 개고기와 와인의 궁합이 궁금한 사람들이 테이스팅을 했고, 나 또한 그들의 의견을 참고로 테이스팅한 와인들을 소개하려고 한다.

먼저 보신탕에는 프랑스 남부 론 지방에서 생산되는 '샤토네프 뒤 파프chateauneuf du pape'가 제격이다. 13개 포도품종으로 블렌딩해서 만들어 유명한 이 와인은 파워풀하고 복잡 미묘한 향 때문에 양념이 강한 보신탕에 어울린다.

수육에는 보르도 지방의 카베르네 소비뇽과 멜롯으로 만든 '샤토 슈발리에'나 남부 론 지방을 대표하는 이 기갈E. Guigal사의 '에르미타쥐 이 기갈'을 추천한다. 시라 품종을 주로 해서 만드는 이 와인은 개고기의 누린내와 묘한 어울림을 준다는 게 사람들의 평이다.

쥐브리 샹베르땅Gevrey-chanbertin 역시 수육엔 제격이다. 프랑스 부르고뉴 지방의 피노누아 품종으로 탄닌이 많고 밝은 빛을 띠는 와인이다. 개인적으로 이 와인을

스트라스부르의 푸아그라 레스토랑
출처: Ji-Elle at en.wikipedia.org

아주 좋아하는데 가볍게 보이는 것과는 달리 음식과의 조화가 끈끈해 모두 좋아했던 와인이다. 개고기의 육질과 소스에 잘 어울린다.

　주로 론 지방의 와인이 높은 점수를 얻었는데, 전체적인 평이 탄닌과 나무의 향, 그리고 흙냄새 등이 개고기와 절묘한 조화를 이룬다고 했다. 보르도 메독지방의 샤토 딸보 역시 개고기와 아주 잘 어울리는데 '강한 요리에는 강한 와인'이라는 일반적인 말에 힘을 더해준다.

　또한 화이트 와인은 개고기와 어울리지 않을 것이라는 것은 편견이었던 것 같다. 독일산 화이트 와인, 프랑스 알자스 리슬링, 진한 맛의 모스카토, 게브리츠트라미너 등 약간의 단맛은 오히려 개고기와 훌륭한 매치를 이루었다는 평이다.

　개고기는 성질이 따뜻해서 찬 성질을 가진 와인의 단점을 잘 보완해 준다. 그런 이유로 건강에도 좋다고 할 수 있다. 평가들은 와인을 마실 때의 경험이 얼마나 즐거운지에 비하면 그렇게 중요한 문제는 아니다. 음식과 와인의 절묘한 조화를 찾는 것은 쉬운 일은 아니다. 여기에 정답은 없다. 다만 개인의 의견이 중요할 뿐이다.

삼겹살엔 어떤 와인이 어울릴까?

영혼에는 웃음이, 몸에는 와인이 필요하다.

– 프랑수와 드 베르빌–

어젯밤 친구들이 모여 수다를 떨었다. 숨이 꼴까닥 넘어가는 소리로 웃어 젖힐 때면 영락없는 아줌마들이다. 황사 먼지 마시며 멀리 운전하고 다녀 온 친구가 황사에 실려 온 먼지나 중금속을 제거해야겠다며 삼겹살을 먹자고 해서 만들어진 자리이다.

사계절 중 봄을 유난히도 좋아했던 나였다. 갓난아기의 속살처럼 연초록의 잎들이 건조한 겨울의 칙칙함을 뚫고 나올 때면 나는 어김없이 동상 저수지를 따라 드라이브를 즐기곤 했었다. 연녹색의 나무들 사이로 도화 꽃이 피고, 그 모습이 저수지에 비치면 마치 무릉도원 속의 시인이라도 된 양 시상을 떠올리려 애썼던 기억이 난다.

그렇게 좋아했던 봄이 어느 해부터인가 싫어지기 시작했다. 자동차의 앞 유리창이 뿌연 먼지로 가득하고, 내리는 빗방울이 먼지 방울이 되어 차창 위로 떨어지던 것을 보던 어느 봄날부터였던 것 같다.

도저히 믿을 수 없어 몇 번이고 내 눈을 의심했었다. 그리고 그때부터 재채기, 콧물에 코 가려움, 코 막힘, 기침과 눈 따가움 증상으로 대변되는 비염이라는 것을 앓게 되었다. 봄은 내게 언제나 입을 벌려 숨을 쉬어야 할 만큼 고통스런 알레르기의 기억만 남겨주고, 눈이 부시게 푸른 초록의 빛과 불타는 정열을 담은 철쭉꽃의 주홍빛을 내 기억의 저쪽 너머로 보내버렸다.

황사 속에 들어있는 미세먼지와 중금속 등 유해물질은 주로 우리 폐에 침투해 호흡기 질환을 유발하는 주원인이 될 뿐만 아니라 기분마저 우울하게 만드는 유해물질이었던 것이다. 그런데 바로 돼지고기에 들어있는 불포화지방산이 인간의 체내에 쌓인 유해물질과 결합해 독성을 가라앉혀 이것들을 몸 밖으로 배출하는 데 효과가 있다는 속설이 과학적으로 검증되었다. 삼겹살집은 그야말로 황사 특수를

기대해야 할 판이다. 삼겹살엔 역시 소주라지만 친구들은 내게, 와
인 칼럼을 쓴다는 이유로 삼겹살에 어울리는 와인을 가져오기를 종
용했다.

'마리아주Mariage', 와인과 음식의 관계를 얘기할 때 주로 사용하는
말이다. 결혼을 뜻하는 말로 맛있

35 사우스 카베르네 소비뇽 라벨

는 음식에 와인을 곁들이는 것이
마치 사랑하는 남녀가 결합하듯이
즐거운 일이라는 의미다. 금실 좋
은 부부를 보면서 사람들은 행복
을 느끼고, 또 미혼들은 결혼에 대
한 환상을 가지며 즐거워한다. 음
식도 딱 맞는 와인을 마실 때 그
즐거움이 배가된다. 친구들이 유
쾌하게 모인 자리니 굳이 와인과
삼겹살의 궁합을 따지지 않아도
이미 분위기로 맛이 정해져 있겠
다 싶으면서도, 머릿속은 벌써 바

쁘게 움직이고 있었다.

와인의 탄닌은 고기의 단백질과 잘 맞는다. 카베르네 소비뇽이나 프랑스 북부 론 지방의 시라 같은 와인은 고기의 육질을 부드럽게 해준다. 이탈리아 키안티 지방의 와인이나 부르고뉴의 코트 뒤 론 지방의 와인도 괜찮을 듯싶다. 또한 칠레산 와인 역시 삼겹살과 어울리는 대표적인 와인에 속한다. 삼겹살과 함께 하면 좋은 와인은 삼겹살의 기름기로 인한 느끼함을 가시게 할 수 있는 깔끔한 맛의 와인이어야 하며 삼겹살의 지방 분해를 돕고 비린내를 없애주는 와인이면 좋겠다.

나는 와인셀러의 문을 열고 포도재배에 가장 이상적인 남위 35도를 따라 위치한 포도원에서 이름이 유래되었다는 와인, 블랙베리 향과 부드러운 탄닌이 탄탄한 구조와 잘 맞물려서 긴 여운을 주는, '칠레산 35 사우스 카베르네 소비뇽' 한 병을 들고 약속장소로 향했다.

3부

와인, 파티를 열다

와인, 파티로 즐겨볼까?

한잔의 샴페인은 우리를 유쾌하게 만들고 용기를 북돋우며

상상력을 자극하며 재치 넘치게 만든다.

− 윈스턴 처칠 −

Gloomy Saturday~ 와인파티를 했다. 너무 덥지도, 너무 화창하지도 않았고, 햇빛은 적당히 구름 속에 가려있는 날이어서 와인을 마시기에 제법 괜찮은 분위기였다. 12시 정각에 파티를 시작하기로 해서 멤버들이 모이기 1시간 전 와인의 코르크 마개를 미리 열어두었다. 오늘 마실 와인의 분위기에 어울릴 것 같은 음악이 담긴 CD를 골라 틀었다. 보통은 매달 9명 정도의 멤버가 모이지만 이번 달엔 여행을 간 친구들을 제외하고 4명이 마시기로 했다.

나는 사전에 어떤 주제로 와인을 마실지를 선정하고 그 리스트를

시각15. 송차숙

멤버들에게 이메일로 보냈다. 사실 이번 모임의 경우 내 와인 셀러에 들어가지 못한 와인들에게 셀러의 쾌적함을 맛볼 수 있는 기회를 주기 위해 일부러 와인을 골라내는 작업의 일환이었다.

이리저리 궁리 끝에 아주 비싸지는 않지만 그동안 많은 기회를 갖지 못한 미국의 레드 와인을 마시기로 정했다. 리스트는 총 3가지였다.

1) Domaine Carneros Pinot Noir(도메인 카네로스 피노누아) 2004

2) Kandall-Jackson Merlot(켄달 잭슨 메를로) 2003

3) Louis.M.Martin Cabernet Sauvignon(루이 엠 마틴 카베르네 쇼비뇽) 2002

멤버들에게 메일을 보낸 후, 우리 모임의 리더로부터 1), 2), 3) 번 순서로 와인을 마시고 같이 먹을 음식으로는 Cold 치킨, Cold 햄, 치즈 그리고 바게트가 좋겠다는 답장을 받았다. 그 이유는 맛과 탄닌이 약한 것부터 강한 쪽으로 마시는 것이 좋기 때문이다. 이번 파티는 앞서 말한 음식들 중에서 하나씩 선정하여 멤버들이 가져오게 하는, 포트락 파티로 진행하기로 했다.

첫 번째로 마신 피노누아는 미국의 나파벨리 여행 중 우연히 두 번이나 들르게 된 '도메인 카네로스' 와이너리에서 사온 것으로 아직 어리기는 했지만 깔끔하고 그런대로 괜찮았다. 붉은 과일 향과 떫은맛보다는 과일 향이 많은 피노누아 맛 그대로였다. 두 번째로 마신 메를로는 순한 맛으로 매끄러운 감촉을 가지고 있었으며 다른 품종에 비해 엷은 단맛이 느껴져 멤버들의 손을 가장 적게 탄 와인이었다. 세 번째로

마신 카베르네 소비뇽 역시 미국의 샌프란시스코 나파벨리의 COPIA 센터에서 사온 것이다. 코피아 센터는 프랑스와 미국의 자존심이 걸린 와인 평가전이 열렸던 곳으로 '최고 와인은 프랑스 보르도'라는 고정 관념을 깨고 캘리포니아 와인에게 KO 압승을 안겨줬던 장소이다. 그곳 매니저의 적극적인 추천으로 사왔던 와인인데 세련되고 파워풀해서 마시기에 적당했다. 멤버들의 가장 높은 점수를 받은 와인이었다. 개인적으로 캘리포니아의 소노마 지역이나 나파벨리 와인은 경쾌하고 세련된 맛 때문에 항상 기분 좋게 마시는 와인이다.

테이블 세팅

　테이블은 이렇게 꾸몄다. 옆집 언니 집에서 빌려온 긴 테이블은 거실 한가운데 놓고, 시장에서 떠온 6,000원짜리 흰 천을 그 위에 씌웠다. 베란다에 있던 작은 유리컵의 수경 화분 두 개를 테이블에 놓았고, 개당 3,000원짜리 빨간색 예쁜 초 두 개를 놓았다. 아로마 향초는 와인맛과 향을 느끼는 데 방해가 될까 봐 일부러 향이 없는 초를 골랐다. 화려한 냅킨도 한쪽에 놓고, 와인 잔과 물 잔을 세웠다. 그리고 멤버들이 가져온 음식을 세팅하고 나니 그야말로 화려한 테이블이 되었다.

　포도 품종에 대해서 아는 것은 와인을 이해하는 첫걸음이다. 그러나 더 중요한 것은 백 번 듣는 것보다 한 번 마셔보는 것이 더 빨리 와인을 알 수 있는 지름길이라는 것이다. 내가 파티를 위해 따로 돈을 들인 것은 하나도 없었다. 집에 있는 장식품 몇 개와 보관 중인 와인,

그리고 멤버들의 음식으로 그 어떤 때보다 멋진 와인 파티를 했다.

혼자서 손님을 초대하고 준비하는 일은 여러 가지로 쉬운 일이 아니다. 그래서 초대받은 손님들이 하나씩 음식을 해서 가져오는 포트락 파티를 추천한다. 잘할 수 있는 요리 한 접시에 와인 1병을 들고 친구 집을 노크해 보자. 함께 즐길 수 있는 사람들이 있고, 그들과 함께 마시고 싶어 남겨둔 와인이 있거든 현관문을 활짝 열어 사람들을 불러 모으자. 평범한 음식과 평범한 사람들이 모여 와인을 곁들이면 그 자리가 더욱 빛나 보인다. 그래서 와인도 예술로 간주 되어야 한다고 하면 지나친 억지일까?

11월 나에게 주는 처방전,
보졸레 누보

좋은 와인 한잔은 의사의 수입을 줄게 한다. – 프랑스 속담

몇 해 전 수입산 와인에서 발암물질 에틸카바메이트가 검출되었다는 잇따른 보도에도(물론 충분한 해명으로 인해 그 오해가 풀리고 있지만) 11월 셋째 주 목요일(이 글을 쓴 2012년은 11월 15일에) 자정을 기해 출시될 보졸레 누보의 화려한 부활이 예고되고 있다. 매년 올해 갓 수확한 포도를 맛볼 수 있는 유일한 와인으로(다른 와인은 최소 2년 이상 숙성 후 시판됨) 그 해의 포도의 품질을 미리 가늠해 볼 수 있어 많은 사람의 관심을 불러일으키고 있다.

보졸레 누보는 다른 와인과 달리 매년 8, 9월에 갓 생산한 포도로 4-6주간의 짧은 숙성 과정을 거쳐 만들어 그 해 첫 와인이라는 데 의미가 있다. 불과 50년 전까지만 해도 파리의 비스트로 같은 작은 술집에서 연말연시에 'Free-flowing Wine(막 마시는 와인)'으로 즐기던 이 와인은 이제 세계인이 한날한시에 동시에 마시는 세계적인 연례행사의 주인공 와인이 되었다.

발효과정에서 포도의 씨나 줄기에서 나오는 떫은맛의 탄닌이 우러나오기 전에 건져내 만들기 때문에, 깊은 맛은 부족해도 쓴맛이 적고 부드러워 햇포도주의 이미지와 잘 어울린다. 또한 보졸레 지역에서 자라는 가메이 품종의 특성 그대로 가벼운 꽃향기와 과일 향이 풍부해 와인을 처음 마시는 사람도 쉽게 마실 수 있는 것이 장점이다. 색상 역시 짧은 숙성 과정 때문에 핑크색에 가까운 옅은 자줏빛을 띠고, 레드 와인이면서도 화이트 와인과 비슷한 맛을 내기 때문에 화이트 와인과 같이 약간 차갑게 마시면 더 좋은 맛을 내기도 한다.

보졸레 누보는 가벼운 스낵이나 치즈 등과 잘 어울리며, 까칠하지 않은 성격 탓에 기분을 내며 마시기에 적합한 와인이다. 고고한 척, 품위 있는 척, 우아함을 떨면서 한 모금씩 새 모이를 먹듯 마시기보다는 벌컥벌컥 마셔도 좋은, 그렇게 흥겹고 캐주얼한 와인이 바로 보졸레 누보이다. 제비꽃과 장미꽃은 물론 다양한 베리 향들이 잘 살아있는 보졸레 누보는 그래서 이벤트, 파티에 어울리는 상큼한 도시감각적인 와인인지도 모르겠다.

과일 향이 풍부하지만 존재의 가벼움으로 미운 오리새끼 취급을 받았던 마이너리티 품종인 가메이의, 오래 묵힐 수 없다는 단점을 장점으로 승화시킨 역발상의 결과물 보졸레 누보, 위기를 기회로 삼아 농업의 새로운 패러다임을 만들어낸 보졸레 누보, 11월 셋째 주 0시 이전에는 팔지도 않고, 살 수도 없는 황당한 조건으로 사람들을 즐겁게 만든 'Fun 마케팅'의 선두 보졸레 누보, 물론 비싼 물류비를 대신 내고 있다는 느낌, 생산량 증대로 인한 품질저하, 과도한 필터링 등 많은 쓴소리에도 불구하고 매년 사랑을 받는 이유는, 보졸레 누보가

시각15, 황예지

전 세계인의 즐거움이자 11월 늦가을의 쓸쓸함을 달래주는 이벤트가 되고, 가족, 친구, 사랑하는 사람과의 교제와 우정의 상징이기에 가능한 일이 아닐까?

보졸레 누보는 이렇게 모든 사람들이 즐기는 와인이며, 모두를 행복하게 만드는 와인이다. 기존 사업의 패러다임을 변화시켜 고객 가치를 규명하고, 한낱 농촌의 생산물이었던 저가 와인을 가장 세계적인 문화상품으로 신분상승 시킨 뉴 패러다임의 소산이다.

11월 늦가을의 쓸쓸한 거리를 걷다가 '보졸레 누보 에 따리베 Beaujolais nouveau est arrive (보졸레 누보가 방금 도착했어요!)'라는 문구가 보이거든 11월 내 자신에게 주는 처방전이자 선물처럼 그렇게 보졸레 누보를 마셔보도록 하자. 설사 얄팍한 상술에 내가 속는다 하더라도 그 한 병에 상처받고 시린 마음을 달랠 수 있다면 why not? 안 될 것은 또 무엔가?

샴페인, 너 없인 12월이 무의미해

위기와 재난이 닥쳤을 때, 샴페인을 한잔 마시고 대응하는 것이 좋다.

– 폴 클로델 –

우연히 신문에서 읽었던 기사가 머릿속에서 맴돈다.

"서로 다른 일을 하고, 서로 다른 개성을 가진 사람들이 하나의 교집합 속에서 서로 친밀해진다. 그 교집합은 서로가 무슨 일을 하고 있든, 어디에 살든 상관하지 않는다. 다만 그들의 공통의 관심사 그것 하나면 말로 표현할 수 없는 동질감과 시간 가는 줄 모르고 빠져드는 대화가 있을 뿐이다."

내겐 마라톤이 그랬고 와인이 그랬다. 팽팽한 긴장감과 일에 지친 스트레스 속에서 빠져 나오고 싶을 때, 그래서 내 삶에 흥미와 활력을 되찾고 싶을 때 평소 하고 싶었던 일을 찾아 동호회에 가입해 여러 사람과 함께 해보는 것은 지친 삶 속에서 허우적거리고 있는 나를 구제하는 좋은 방법인 것 같다. 그렇게 시작한 와인 모임이 벌써 15년을 넘기면서 매년 새해와 송년을 맞이한다. 특히 크리스마스, 송년회 등 들뜨고 화려한 12월, 이런 계절에 가장 잘 어울리는 와인이 있다면 단연 샴페인이다. 잔 속에서 솟아오르는 별들의 무리, 길쭉한 잔 속의 사치와 기품, 매년 우리들의 연말을 이렇게 달콤한 샴페인으로 부드럽게 마무리 해보는 것은 어떨까 생각해 본다.

12월 첫 주 9명이 모여 모두 8병의 샴페인을 마실 계획이었다. 다른 와인 테이스팅 때와는 달리 빨리 취하게 될 가능성을 대비해 우리는 많은 안주를 준비했다.

싱싱한 굴 한 박스, 담백한 크래커와 훈제 연어, 바게트 빵 그리고 프랑스 산 고다 치즈를 비롯한 마일드한 치즈들을 준비했다.

샴페인은 피노누아, 샤르도네, 그리고 피노 무니에, 이 세 가지 포도 품종으로만 섞어서 만든다. 마시기 30여 분 전까지 아이스 버킷에서 8도 정도의 온도를 유지하고, 코르크 마개를 감고 있는 철망은 여섯 번을 돌려 풀어내고 그리고 아주 조심스럽게 코르크 마개를 오픈했다. 샴페인을 잔에 따르면 우선 끊임없이 올라오는 기포와 거품을 감상하고 코와 입으로만 향을 맡은 다음에, 손으로 잔을 잡고 돌려 다시 한 번 냄새를 맡고 마시기 시작하는 것이 순서다.

우리가 마신 첫 번째 샴페인은 100% 샤르도네로 만든 '옐로우 글렌Yellow glen', 두 번째는 훈장 장식에 빛나는 샴페인의 대명사 '멈Mumm'. 프랑스 1위 브랜드이며 세계 3대 샴페인 브랜드로 붉은 리본 장식으로 유명하다.

세 번째 샴페인은 우리가 쉽게 보아왔던 '모엣 샹동 브뤼트 임페리얼Moet Chandon Brut Imperial'. 엘레강스와 세련미의 대명사 루이 15세의 애첩 마담 퐁파두르가 사랑한 와인이다. 그녀는 '여인을 가장 아름답

게 하는 술은 오직 샴페인뿐이다.'라는 말을 남기기도 한 와
인 애호가였다. 그런 이유로 매년 120병의 모엣 샹동이 그녀
에게 보내졌다. 또한 모엣 샹동의 창시자의 손자 장 레미 모
엣은 나폴레옹과 절친한 사이로 이때부터 황제를 칭하는 임
페리얼Imperial을 제품명에 사용했다고 한다. 50%의 피노누아
와 25%의 피노 무니에, 그리고 나머지 샤르도네가 섞인 샴페
인이다.

　네 번째는 '랑송 골드 라벨Lanson Gold Label 1997년'으로 프리
미에 퀴르 빈야드와 그랑퀴르 빈야드를 블렌딩한 샴페인이다.

샴페인은 대부분이 빈티지가 없는 와인인 반면 빈티지가 있다는 것은 빈티지가 없는 샴페인에 비해 뛰어나다고 할 수 있다. 그 이유는 그 해 여러 포도원 중에서 가장 좋은 포도원의 포도만을 골라서 샴페인을 만들기 때문이고, 두 가지의 가장 좋은 포도(피노누아와 샤르도네)만을 사용하기 때문이다. 또 대부분의 빈티지 와인은 빈티지가 없는 와인보다 2년을 더 숙성시키기 때문에 한층 미묘한 맛을 띠게 된다. 그리고 무엇보다도 우수한 빈티지의 포도로만 만들기 때문에 최고의 품질을 갖게 된다.

다섯 번째로 마신 와인은 '루이 로드레 브뤼트 리저브Louis Roederer Brut Reserve'. 55%의 피노누아, 10% 피노 무니에, 그리고 35%의 샤르도네가 블렌딩 되었다. 여섯 번째 와인은 '프랑소와 에마르 그랑 크뤼 Francois Hemart Gran Crus'. 70%의 피노누아와 30%의 샤르도네 품종으로 만들어진 이 샴페인은 한결같은 맛을 가져 대다수의 사랑을 받은 샴페인이다.

일곱 번째는 '돔 페리뇽Dom Perignon 1999'. 잘 알려진 만큼 인기도 있었던 샴페인으로 매우 균형 잡힌 맛을 가졌다는 평을 받았다. 미국 드라마 〈섹스 앤 더 시티〉에서 네 명의 여주인공들이 자주 마시던 샴페인 '뵈브 클리코'는 이번 테이스팅에서는 빠졌지만 모두가 좋아하는 샴페인 중 하나이다.

　마지막 여덟 번째로 마신 와인은 30만 원 안팎의 고가 와인임에도 불구하고 우리나라에서도 매출이 작년 대비 2배 이상이나 늘었다고 한다. 바로 '폴 로저 윈스턴 처칠 1996Pol Roger Winston Churchill 1996'. 윈스턴 처칠 경이 1947년 빈티지를 마시고 반하여 평생 마실 양을 주문하여 2만 병이나 특별 보관하였다는 샴페인이다. 그가 91세의 일기로 생을 마감하는 그날까지 아침과 저녁, 하루 2병씩 마셨다고 하는 이 샴페인은 어떤 포도 품종을 섞었는지조차도 비밀로 한 샴페인으로, 적당한 산도와 함께 풍부하고 진한 바디감 때문에 모두 열렬히 좋아했던 와인이다.

오랜 기다림에서 얻는 최고의 향,
'샤토 까농 1975'

"와인은 인생과도 같습니다. 오랜 기다림을 견뎌야 진정한 맛과 향을 얻을 수 있으니까요."

와인을 마셔보지 않고도 이 말이 무엇을 의미하는지, 짐작은 할 수 있을지 모르겠다. 하지만 마셔보지 않고 그 맛을 표현할 수 있을까? 인생을 살아보지 않고는 그 세월이 주는 오묘한 깨달음을 느낄 수 없듯이 와인도 마찬가지인 것 같다.

1975년 샤토 까농Chateau Canon의 맛이 그랬다. 30년이 넘은 이 와인은 정말로 세상의 모든 것을 다 감싸 안을 것 같은 그런 부드러운 향과 달콤한 맛을 지니고 있었다. 오랜 세월의 흔적을 느끼게 해주는 적갈색의 기운, 카시스, 토스트의 향, 그러나 무엇보다도 우리를 미치게 하는 냄새는 서양자두Plum의 냄새였다.

일본의 유명한 만화가, 히로카네 켄시는 메를로의 맛을 '카타세 리노'라는 일본 여배우에 비유했다. 아마도 그 이유는 이 여배우의 여성스러우면서도 섹시한 이미지가 메를로와 비슷했기 때문이라고 생각한다. 또한 1957년생의 나이가 말해주듯이 그 작가는 이 여배우에게서 인생의 관록과 우단처럼 매끄럽고 부드러운, 성숙한 여인의 냄새를 맡았는지도 모르겠다.

샤토 까농 1975년산이 그랬다. 정말로 맛있는 냄새 그 자체였고, 맛있는 향 그 자체였다.

나의 와인 선생님이나 다름없는 테리 씨가 이 와인을 마시자고 제안했을 때 난 주저하지 않았다. 매달 7~9병을 테이스팅 하기 위해 내는 액수보다 더 많은 금액을 지불해야 했지만, 난 그저 내가 선택된 것

샤토 까농 Chateau Canon 1975

만으로도 고마울 따름이었다. 테리 선생님을 포함, 3명이 이른 저녁 우리 집에 모였다. 조심스럽게 와인을 꺼내들고 코르크 스크류를 집어 넣었다. 코르크는 약간 건조하고 약해져 있었고 모두 코를 벌름거리며 와인 주위에 모여들었을 때는 이미 온화하고 풍부한 과일 향에 취해 행복함을 감추지 못했다.

까농이 그 향을 활짝 열고 우리를 유혹하는 데 조금 더 시간이 필요했다. 그래서 잠깐 샤토 까농의 백그라운드를 살펴보기로 했다. 먼저 산지는 보르도 우안에 있는 지역 생테밀리옹이다. 생테밀리옹은

매우 아름다운 지역으로 주변의 언덕이 모두 포도밭이며 그 맨 꼭대기에서 프리미에 그랑 퀴르 클라세 와인이 만들어진다. 일조 시간이 길고 배수가 잘되는 점토질의 토양으로, 메를로 재배에 적합하며, 로마시대부터 와인 양조지로 그 이름이 널리 알려진 곳이다.

보르도 좌안이 까베르네 소비뇽의 비율을 높여 블렌딩 하는 반면 우안인 생테밀리옹과 포므롤 지역은 메를로의 비율이 훨씬 높아 온화하고 부드러운 맛이 특징이다. 메를로는 껍질이 얇고 탄닌이 적어, 떫은맛이 적고 향기가 풍부하며 비단결과 같이 부드러운 느낌을 준다.

생테밀리옹에서는 메독 지방과 달리 자신들만의 규정으로 등급을 매기는데 프리미에 그랑 퀴르 클라세와 그랑퀴르 클라세 2개의 등급으로 나눈다. 프리미에 그랑 퀴르 클라세 급에는 12개의 성이 포함되는데 그 중에서도 샤토 오존과 샤토 슈발 블랑 2개는, A등급으로 다시 분류되어 최고 중의 최고로 인정받고 있다. 샤토 까농은 B등급 10개 중 하나로, 샤토 피작과 함께 우리나라에서도 많이 알려진 와인이다. 또한 그랑퀴르 클라세 급에는 62개의 성이 있으며, 등급 분류는 10년마다 각 와인들을 시음한 후 다시 등급을 매기는 절차를 갖고 있다.

샤토 까농은 75%의 메를로와 25%의 카베르네 프랑을 섞는 비율로 만든다고 알려져 있지만 와인의 최후 배합에 사용하는 포도 품종

의 비율은 매년 포도 품종의 작황에 따라 차이가 있다. 실제로 2002 년 빈티지의 경우 90%의 메를로와 10%의 카베르네 프랑이 배합되기 도 했다.

함께한 리사 선생님은 갑자기 조용해졌다. 아무런 얘기도 하고 싶지 않다고 했다. 그저 음악을 듣고 향을 맡으며 부드럽게 이 와인을 목으로 넘기고 싶다고…. 그리고 아무 말 하지 않아도 그 기분을 알아주는 사람들과 와인을 마시고 있는 지금 이 순간이 너무나 좋다고 했다. 아…. 테리 선생님 말씀이 혹시 여러분이 샤토 까농을 마시려거든, 꼭 두 시간 전에는 마개를 열어놓았으면 좋겠다고 하는군요. 그래야 까농을 제대로 느낄 수 있다고.

사랑하는 사람과 함께하는
로제 와인 즐기기

와인, 여자, 그리고 노래를 사랑하지 않는 자는 평생 바보로 남는다.

– 마틴 루터 –

로제 와인은 분홍 장밋빛 와인이다. 로제 와인은 레드 와인 포도로 만들지만 그 색은 붉지 않다는 의미이기도 하다. 처음에 나는 로제 와인은 레드 와인과 화이트 와인을 섞어 놓은 줄 알았다.

그러나 이내 그것이 그렇게 간단하지 않다는 것을 알았다. 로제 와인의 제조법은 여러 가지가 있지만 주로 붉은 포도를 사용한다. 그 포도즙이 붉은 포도 껍질과 섞여있는 시간이 매우 짧아 껍질로부터 탄닌 성분을 거의 흡수하지 않는다. 그렇기 때문에 우리는 다른 화이트 와인처럼 로제 와인을 차게 마실 수 있는 것이다.

반면에 레드 와인은 며칠 또는 몇 주 동안 포도즙이 붉은 포도 껍질과 섞여 있기 때문에 적색 빛깔을 띠며 탄닌 성분을 많이 갖게 되는 것이다. 또한 좋은 레드 와인을 만드는 과정에서 부산물로 로제 와인을 만드는 경우가 많다. 압착한 적포도주에서 일부 과즙을 빼내고 남아 있는 발효액에 포도성분이 농축되어 양질의 레드 와인이 만들어진다.

반면 빼낸 과즙을 별도로 발효시키면 양질의 적포도로 만든 로제 와인을 얻을 수 있는 것이다. 정리하자면 포도 껍질이 포도즙과 오래 접촉하면 할수록 그 결과로 만들어지는 와인의 색깔은 더 진해진다. 그러나 상대적으로 짧은 시간에 포도 껍질과 즙을 분리하면 색깔이 옅어지는데 그 결과가 바로 로제 와인인 것이다.

로제 와인의 색깔의 범위는 사뭇 다양하다고 할 수 있다. 이런 다양한 색깔을 잘 보기 위해 투명한 병을 용기로 사용한다. 로제 와인의 색은 연어 살색, 양파 껍질, 자고새의 눈 등으로 색깔을 표현하기도 한다. 그래서 로제 와인은 로맨틱한 분위기에 제격인 모양이다. 우아한 색깔이 있고, 탄닌이 적어 상쾌한 맛을 갖고 있기 때문에 여성들에게 인기가 많다. 핑크빛 화려함 때문에 결혼선물로 사용하기도 하고 가든파티 등에서 가볍게 마시는 것을 볼 수 있다. 로제 와인이 가

시각15, 한아영

진 맛을 제대로 즐기려면 차갑게 해서 마시는 것이 비결이다. 사랑하는 사람과 보내는 시간을 좀 더 로맨틱하게 연출하고 싶으면 로제 와인을 준비하는 것도 좋을 듯하다.

프랑스의 경우 로제 와인의 대표적인 산지는 다음 네 곳이다.

첫째 '앙주'는 프랑스 서북부의 루아르 강 중류에 있는 곳이다. 레드 와인 품종을 으깬 후에 바로 껍질과 씨를 제거하고 연하게 색깔이 나온 과즙만을 발효시키는 방법을 사용하기 때문에 연한 색깔에 약간

단 것이 특징이다.

둘째 '타벨'은 프랑스 동남부 코트 드론 지방에 있다. 레드 와인 품종을 으깨서 껍질과 씨와 과즙을 함께 발효시키고 과즙이 핑크색을 띠는 단계에서 껍질과 씨를 제거하고 남은 과즙을 더 발효시키는 방법으로 제조하며 진한 색과 신맛이 특징이다. 앙주 지방과 함께 로제 와인 중에 가장 훌륭한 품질로 평가받고 있다.

셋째 '방돌&코트 드 프로방스'는 프랑스 남부 프로방스 지방에 있는데, 타벨 지방의 로제 와인 제조법과 동일하며 맛 또한 타벨 로제와 흡사하다. 프랑스에서 가장 인기 있는 로제 와인 생산지역이다. 밝고 과일 맛이 풍부한 핑크 와인은 프로방스 지방의 특산물인 신선한 해산물과 잘 어울리며 차게 해서 마시기 때문에 그 자체로도 프로방스의 더운 여름 기후에 잘 어울린다고 할 수 있다. 더운 여름 오후에 기운을 차리게 해 주는 음료이다.

넷째 '상파뉴'는 프랑스 북동부지방으로 따로 만든 레드 와인과 화이트 와인을 섞어 만든다. 진한 색, 신맛, 발포성이 특징인데 이 지역은 북쪽에 치우쳐 있어 매년 잘 익은 포도를 수확하기가 대단히 어렵다. 그래서 레드 와인과 화이트 와인을 블렌딩 하는데 이 핑크 샴페인이야말로 가장 고급 와인으로 평가된다.

이탈리아에서는 로제 와인을 '로사또Rosado', 진한 색에는 '끼아레토 Chiaretto'라고 부르며, 스페인의 로제 와인은 '로자도Rosado', 독일은 '바이스험스트Weissherbst', 오스트리아 에서는 '쉴허Schilcher'라고 부른다.

와인 애호가들은 로제 와인이야말로 한국의 불고기나 갈비와 가장 잘 어울리는 와인이라고 한다. 로제의 후루티Fruity한 특성이 양념에 재운 쇠고기의 풍부한 맛과 잘 어울린다는 평이다. 또한 생선과 국물 요리에도 로제 와인은 훌륭하게 매치 될 수 있으며 그 가능성이 대단히 크다고 할 수 있다. 어쨌든 레드 와인과 화이트 와인 속에 끼어 큰 관심을 얻지 못하던 로제 와인은 가볍게 즐기기에 가장 적합한 와인이다. 파티, 주말 휴가, 결혼식 등에 아름답고 간단한 로제 와인의 여유가 훨씬 더 큰 즐거움을 줄 것이다.

마지막으로 로제 와인을 마시기 좋은 경우들을 살펴보면 햄버거와 샌드위치로 간단한 점심을 하기로 해서 레드 와인을 마시기에는 너무 부담스러운 경우가 있고, 소풍을 갈 때, 로맨스(낭만)가 있는 날, 얼음을 넣어 차갑게 마시고 싶을 때, 두 명이 레스토랑에 가서 육류와 생선요리를 각각 시키고 와인을 한 병만 주문할 때 등이 있다.

땅이 맛을 좌우하는
그랑 크뤼 '부르고뉴에 빠진 날'

와인은 태양과 대지의 아들이다.

더불어 인간의 노력이라는 조산원이 필요하다.

– 폴크 로텔 –

언제나 그랑 크뤼 테이스팅이 있는 날은 설렘이 있다. 평소보다 두 배의 금액을 내고 테이스팅을 하는 날인데 좀처럼 일이 끝나지 않아 초조한 마음이었다.

조금 늦게 도착한 약속장소엔 이미 여덟 명이 와 있었고, 이번엔 웬일인지 처음 보는 사람들이 반절은 되는 것 같아 보였다.

이날은 버건디 그랑 크뤼를 마시는 날이다. 테이스팅하는 곳에 칠판이 있고 거기에 이번에 마실 와인에 대한 특징과 빛깔, 향기 등에 대한 내용이 자세히 적혀 있었다.

프랑스 동부, 파리에서 남동쪽에 위치한 부르고뉴는 보르도와 쌍벽을 이루는 대표적인 와인 생산지역이다. 부르고뉴는 레드 와인과 화이트 와인 모두 유명한 지역이다. 1789년 프랑스 혁명이 있기 전에는 프랑스의 귀족들과 가톨릭교회들이 와인 농장을 소유하였는데 혁명 이후에 와인 농장들은 부르고뉴 전체 주민들에게 배분되었다. 당시 보르도는 영국에 속한 지역이었으므로 혁명의 영향을 받지 않은 것에 비해 부르고뉴는 포도밭 규모가 작게 바뀌고 말았다.

보통, 부르고뉴 레드 와인이라는 말은 기본적으로 코트 도르의 레드 와인을 의미한다. 또 코트 도르(황금의 비탈이라는 뜻)는 코트 드뉘와 코트 드본의 두 개 지역으로 구분된다.

코트 드뉘에는 또 다음과 같은 작은 지역이 있다. 로제 와인으로 알려진 '마르사네Marsannay', 독하고 토속적이고 소박한 레드 와인 '픽생Fixin', 맛이 진하고 풍부한 레드 와인 '제브레 샹베르탕Gevrey-Chambertin', 약간 독한 맛을 지닌 레드 와인 '모레 생드니Morey-Saint Denis', 부드럽고 우아한 레드 와인 '샹볼 뮤지니Chambolle-Musigny', 맛이 약간 진한 느낌의 '부조Vougeot', 고상하고 풍부한 맛의 '보네로마네Vosne-Romanee', 맛이 독특하고 토박한 '뉘생 조르주Nuits-Saint Georges' 등이 있고, 코트 도르의 남부 지역인 코드 드본의 유명한 지역은 '알록

스 코르통Aloxe-Corton', '포마드Pommard' 등을 들 수 있다.

밝고 화려한 홍색, 라즈베리, 딸기, 체리 같은 과일 향, 부엽토, 버섯 향, 신맛과 과일 맛 등…. 테이스팅을 하기 두 시간 전에 열어두었던 이 와인들을 마시기 전에 나는 가볍게 숨을 몰아 뱉어내고 첫 번째 와인을 받아 들었다.

'앙토냉 기욤 볼네이 클로 데 셴느Antonin Guyon Volnay Clos Des Chenes 2003'은 피노누아 임에도 진한 보라색을 띄고 있었다.

두 번째 와인은 '도멘 드 라 브제리Domain De La Vougeraie 1999'으로 자주색을 띠고 있다. 같은 피노누아라도 첫 번째 와인의 색깔과 현저하게 다른 것은 바로 토양의 차이가 있기 때문이다.

세 번째는 '두작 쥬브레 샹베르텡Dujac Gevery Chambertin 2004'였는데, 투명한 느낌의 우아한 와인이었다. 그 이유는 두작이기 때문이라고 한다. 어떤 경우에도 두작은 훌륭한 와인을 만들어내기 때문에 두작이라는 이름을 보면 무조건 사두어도 좋다는 평이었다.

네 번째 와인은 '도멘 비제 본 로마네Domain Bizet Vosnee Romanee 2005' 이다. 신맛과 쏘는 맛, 매운맛 모두를 가졌다. 일행 중 하나는 이 와인이 몹시 관능적이고 매력적이라고 했지만 내겐 시큼한 맛이 너무 강하게 다가와 환심을 사진 못했다.

마지막 와인은 '페블리 에세죠Faively Echezeaux 2002'으로 특히 2002
년산은 부르고뉴의 최고의 빈티지로 꼽는다. 역시 그랑 크뤼이다. 토
속적인 가죽 냄새, 묵직하면서도 쌉싸래한 맛이 굉장한 힘을 느끼게
해준다.

다섯 개의 크루 와인이 아쉽게 끝났다. 이번 테이스팅을 통해 다시
한 번 느끼는 것은 부르고뉴 레드 와인의 특징은, 맛을 좌우하는 것이
품종(피노누아)이 아니라 '토지'가 지니고 있는 맛, 즉 토양의 성분으로
맛과 부케가 결정된다는 것이다.

CAVES A VISITER

4부

와인, 스토리가 되다

라벨이란 편견에 혀가 속다

와인은 식사에서 가장 지성적인 부분이다.

– 뒤마 –

가끔 정말 맛있는 청국장이 그리운가 하면 어떤 날은 징그럽게 맛있는 스테이크가 먹고 싶은 날이 있다. 그날도 스테이크가 먹고 싶어 알렉산드로라는 이탈리안 요리사가 있는 레스토랑에 갔다. 장소를 말하자면 "뭐? 그곳에 레스토랑이 있단 말이야?" 하고 놀랄 정도로 많이 알려진 곳은 아니다. 평범한 저녁 한 끼 식사로 지불하기에는 너무 가격이 높다 싶어 크림소스를 진하게 뿌린 파스타를 먹기로 했다.

문득 조용하고 세련된 레스토랑의 분위기 때문일까? 몇 년 전 스위스 루체른 호숫가에서 먹은 잊지 못할 파스타가 떠올랐다. 요리사에게 최대한 기억을 되살려 설명해 주었더니, 그는 내게 '뇨끼(Gonechi, 감자로 만든 파스타 종류)'를 크림소스와 함께 만들어 주었다. 부드럽고 세련된 그 맛에 와인이 빠질 수는 없었다. 많지 않은 와인 랙에서 평소에 잘 마시지 않는 미국산 진판델을 골랐다. 가격과 호기심이 일치했기 때문이다.

진판델은 130년이 넘는 동안 모체를 모르다가 최근 원산지가 유고슬라비아이며 이탈리아 프리미티보와 같은 품종이라는 사실이 DNA 조사 결과 밝혀졌다. 호주하면 쉬라즈, 독일은 리슬링, 포르투갈은 포트와인, 스페인 쉐리, 아르헨티나 말벡 그리고 뉴질랜드 하면 상큼한 소비뇽 블랑을 떠올리듯 각 지역별로 그곳의 테루아르에 맞게 대

시각15. 김정하

표적인 포도 품종이 있기 마련이다. 역시 진판델 하면 미국을 떠올리는 이유도 캘리포니아에서 두 번째로 많이 재배되는 품종이며 기타 남아공, 호주, 프랑스 론 등 소수 지역에서만 생산되기 때문이다. 물론 화이트 진판델이 더 많이 알려져 있고 특히 여성들의 파티에는 단골손님으로 등장하지만 최근에는 레드 진판델의 매력에 빠지고 있는 사람들이 늘어나고 있다.

잠시 후 웨이터는 와인을 테이블 뒤 공간으로 가져가더니 코르크를 빼고 천으로 된 냅킨으로 와인병을 둘둘 말았다. 테이블에서 따고 손님에게 라벨을 확인시키는 것이라고 말을 했더니 자기는 소믈리에가 아니라고 말해 더 이상 아무 말도 하지 않기로 했다. 와인이 서브되었고, 은은한 불빛 아래선 색깔을 제대로 구분하기가 어려웠다. 살짝 잔을 굴려 향을 맡고 입안에 가볍게 한 모금 물었다. 생소하지 않은 맛과 탄닌 그리고 풀 바디한 질감이 싫지 않았다. 반절쯤 마시고 나서 와인 병에 둘러져 있는 냅킨이 여간 불편하게 느껴져서 냅킨을 벗겨 버리고 라벨을 보는 순간 우린 경악하지 않을 수 없었다. 그것은 진판델이 아니라 칠레산 카베르네 소비뇽이었다. 어떻게 이럴 수가 있을까?

놀란 이유는 여러 가지였지만 그 중 가장 큰 충격은 어떻게 이 맛에 대해 이렇게 한마디 이의 제기도 없이 진판델로 인정해 버렸냐는 것이다. 그리고 진정 카베르네 소비뇽의 맛을 잡아낼 수 없었던 건지? 검정색 정장으로 한껏 멋을 낸 후배 앞에서 와인 애호가의 체면이 무참히 구겨지는 것 같아 당황스럽기 짝이 없었다. 하지만 내가 블라인드 테이스팅을 좋아하는 이유가 분명해진 것은 사실이다.

라벨을 들여다보며 와인을 마시는 것은 그 와인에 대한 나의 견해를 만드는 데 있어서 놀라울 정도로 긍정적이거나 부정적 영향을 미치곤 한다. 난 항상 부르고뉴의 피노누아나 론 지방의 그라나쉬, 시라에는 긍정적이었지만 카베르네 소비뇽이나 메를로, 특히 칠레산 와인에는 늘 부정적 점수를 주곤 했다. 하지만 진판델이겠거니 하고 마신 칠레산 카베르네 소비뇽 맛은 그 어떤 와인에도 뒤지지 않는 부드러운 맛과 탄닌을 선사해 주었다. 라벨을 보고 마셨더라면 난 또 분명 칠레산 카베르네에게 고깝지 않은 말들을 뱉어냈을 것이다. 습관처럼…. 11월에 있을 블라인드 와인 테이스팅이 손꼽아 기다려지는 이유이다.

코르크 마개와 스크루 캡의 미래

와인은 가장 건전하며 위생적인 음료다.

– 파스퇴르 –

와인을 처음 마실 때 코르크 마개를 따는 일이 그리 쉽지는 않았다. 특히 사람들 앞에서 와인을 딸 때면 제발 좋은 코르크스크루가 있으면 좋겠다는 생각을 하곤 했다. 그만큼 코르크스크루가 얼마나 좋으냐에 따라 코르크 마개를 잘 뽑을 수 있었다. 예상치 못한 코르크스크루를 가지고 코르크를 뽑다가 당황한 적이 한두 번이 아니다. 분명 마개 따개 탓이라는 것을 알면서도 기분은 그렇게 유쾌하지 못했다. 심지어는 내가 이런 코르크 마개와 치사하게 싸우면서까지 꼭 와인을 마셔야 하는지 언짢기까지 할 때도 있었다. 그럼에도 불구하고 사람들이 코르크 마개를 더 선호하는 것은 어찌된 일일까?

얼마 전 머리가 희끗한 중년의 신사가 우아한 여성 한 분과 함께 저녁식사를 하러 왔다. 우연히 그 옆 테이블에 앉게 되었는데, 남자는 와인을 좀 잘 아는 듯했고, 그는 여자 앞에서 좀 더 근사해 보이고 싶었던 게 분명하다. 남자는 소믈리에를 불러 와인을 추천해 달라고 했고, 소믈리에는 뭔가를 열심히 설명하고 나서 잠시 후 와인을 들고 왔다. 그런데 그 신사는 소믈리에가 가져온 와인을 보며 굉장히 언짢아하며 와인을 바로 무르고야 말았다. 이유인즉, 바로 와인의 마개가 문제였던 것이다. 이 신사는 여자 앞에서 잘 보이고 싶었건만 스크루 캡으로 돌려 따는 싸구려 와인을 추천했다고 생각한 것이다.

  그러나 소믈리에가 들고 온 와인은 미국 캘리포니아 '스털링 빈야
드' 프리미엄 와인이었다. 스털링 빈야드는 넓은 마니아층을 확보하
고 있으며 특히 SV는 최근 3년 동안 미국의 아카데미 시상식 공식와
인으로도 유명한 것이다.

  이렇듯 사람들은 아직도 스크루 캡은 싸구려 와인에 쓰이고, 고급
와인에는 코르크가 쓰인다고 생각하고 있다. 모름지기 와인은 코르크
마개를 조심스럽게 개봉하는 데 의미가 있으며, 그 자체를 하나의 진
지한 의식과도 같이 생각하는 모양이다.

그럼 코르크 마개는 누가 처음 생각해 냈고 와인 병에는 왜 코르크 마개를 사용할까? 우리는 17세기 말 프랑스의 수도사 돔 페리뇽Dom Perignon이 코르크를 샴페인 병마개로 널리 퍼뜨린 사람이라는 사실은 알고 있다. 그리고 그 시기를 중심으로 와인 산업이 활성화를 이룬 것도 우연의 일치는 아니다. 와인 병에 코르크 마개를 사용하는 중요한 이유는 코르크 마개의 유연성, 신축성 때문일 것이다. 그 때문에 병목에 쉽게 삽입할 수 있고 병 속에 들어간 코르크는 다시 팽창하여 공기가 많이 유입되어 와인이 산화되는 것을 방지하게 된다. 코르크에는 속이 비어있는 벌집과 같은 육각형의 방이 1제곱센티미터 공간에 수천만 개가 들어있고 이는 코르크 전체 부피의 85%가 독립된 공간으로 구성되어 가벼우면서 탄력성을 높게 해준다.

그런데 이런 장점 외에 코르크도 치명적인 결점을 가지고 있는데 박테리아나 세균의 침입을 막을 수 없다는 것이다. 또한 마개가 부서질 수 있고 쪼개질 수도 있기 때문에 오래 숙성시키는 좋은 와인일수록 더 조밀하고 긴 코르크 마개를 사용하기도 한다.

실제로 최근 자양강장제 병이나 소주병의 마개로나 쓰일 법한 스크루 캡이 머지않아 코르크 마개 시장을 앞지를 것이라는 추측이 그래서 억지스러워 보이지 않는 이유이다. 많은 보고서에 따르면 이미

스크루 캡과 코르크 마개

코르크 시장은 변질된 코르크 곰팡이 냄새로 몸살을 앓고 있기 때문에 2015년에 이르면 코르크 마개를 사용한 와인은 점점 소수파로 밀려날 것이라고 했지만 아직은 코르크 마개가 많기는 하다. 하지만 세계 전체 와인의 95% 이상이 빈티지로부터 3~4년 안에 마실 와인들을 생산하게 되는데, 그렇다면 굳이 코르크 마개를 사용할 필요가 있는지 의문을 제기하는 것도 사실이다. 이렇게 이미 스크루 캡은 빠른 속도로 와인 시장을 잠식해 가고 있고 코르크 업계는 별다른 대안을 내놓지는 않고 있다.

그럼 스크루 캡의 장점은 무엇일까? 먼저 코르크 마개의 최대 결점인 부패를 피할 수 있다는 것이다. 한번 봉해지면 산소가 들어갈 수 없기 때문이다. 그래서 포도 원래 향인 아로마와 신선함을 보호할 수 있어서 와인이 와인 메이커의 의도대로 신선한 맛을 그대로 유지할 수 있다고 한다.

이에 반박하는 사람들은 스크루 캡은 와인을 숙성시킬 수 없다고 하지만 실험 결과 스크루 캡의 와인 역시 자연적인 화학적 특성 때문에 숙성이 일어난다고 밝혀져 스크루 캡 옹호자들에게 힘을 실어 주었다.

어쨌든 전통이라는 것이 쉽게 변할 리 없으며 클래식한 방법만이 와인의 정석이라는 코르크 파의 주장이 모던 세계의 테크놀로지를 등에 업고 무섭게 질주하는 스크루 캡의 미래를 막기에는 왠지 버겁게 느껴지기도 한다.

우리가 몰랐던 달콤한
레드 와인의 함정

나는 늙지 않고 다만 와인처럼 그윽할 뿐이다.

- 스티븐 필립스 -

몇 년 전 아버지가 신문 한 귀퉁이를 오려 갖고 계시다가 내게 건네준 〈작년 어떤 와인이 잘 팔렸나〉 스크랩은 아직도 내 책상의 유리 덮개 속에 그대로 있다. 그 많은 와인들을 제치고 당당히 1위를 차지한 와인은 '모건 데이비드 콩코드'. 와인에 대해 아무런 느낌도 감정도 없었을 시절, 레스토랑에서 주는 서비스 와인으로 곧잘 마셨던 아주 달콤한 레드 와인이다.

와인이 만들어지는 과정을 살펴보면 지극히 간단하다. 잘 익은 포도를 따서 그릇에 담고 포도즙이 나올 때까지 그 포도들을 으깨주면 된다. 가장 기초적인 와인 만들기이다.

포도가 으깨진 후에 포도 속에 들어 있는 효모가 포도즙 속에 있는 당분과 만나서 당분을 알코올로 바뀌게 한다. 효모는 이산화탄소도 만들어내지만 이것은 공기 중으로 증발하기 때문에 결국 알코올이 생기게 되는 것이다. 만일 포도가 달고 잘 익었다면 와인은 더 많은 알코올을 갖게 되는데 이 과정을 우리는 발효라고 부른다. 실제로 발효는 인위적인 도움이 필요 없는 자연적인 과정이라고 할 수 있다. 하지만 자연방식의 와인은 사람들의 입맛을 사로잡기에는 너무 거칠다. 때문에 와인 메이커들은 스테인리스나 오크통을 사용하고 용기의 크기나 온도를 조절하게 된다. 이에 따라 와인의 맛과 질이 달라지기 때

아황산염

4부 와인, 스토리가 되다   141

문이다.

와인 메이커들은 발효과정에서 소량의 당분을 남기는데 이것을 우리는 '잔당'이라고 한다. 잔당이 5% 미만이면 드라이한 와인, 5~10%이면 과일 맛이 느껴지며, 10%를 넘으면 스위트한 와인이 되는 것이다.

그런데 내가 굳이 모건 데이비드 콩코드 와인을 서두에서 꺼낸 이유는 이 발효과정에서 가해지는 어떤 행위 때문인데 그것이 다름 아닌 달콤한 레드 와인의 함정이다.

달콤한 레드 와인을 만들 때는 당분이 알코올로 변하는 발효과정을 강제로 억제한다. 그 이유는 남아 있는 당분이 더 이상 알코올로 발효되지 못하게 하여 단맛을 유지하기 위함인데, 이때 발효 중지를 위해 사용하는 약품이 바로 아황산염(아황산가스, 이산화황을 의미하기도 함)이다. 이 아황산염을 와인에 넣으면 와인에 남아있는 효모가 모두 죽게 되는데 이 말은 곧, 달콤한 레드 와인 속에는 효모가 살아있지 않기 때문에 병에 넣은 후에도 더 이상의 숙성이 되지 않는다는 뜻이다. 일반적인 레드 와인처럼 오래 숙성시키면 맛이 더 좋아지는 일도 더더욱 없다는 뜻이기도 하다.

그런데 그게 무슨 대수냐 하고 반문하시는 분들도 계시겠지만 아황산가스는 유황과 산소로부터 나오는 것으로 발효하는 동안 자연적으로 아주 적은 양이 생성된다. 이 아황산염은 항균제 작용을 하면서 포도가 식초로 변하는 것을 방지해 주며, 또한 산화를 억제해, 산소 때문에 와인이 부패하지 않도록 신선도를 유지해 주는 신비의 특성을 가졌다.

와인을 만드는 사람들은 아황산염의 이런 장점에도 불구하고 되도록 적게 쓰려고 한다. 그 이유는 와인에 아황산염이 적으면 적을수록 좋다고 믿기 때문이다. 이것은 사람들이 가능한 약을 적게 섭취하려는 생각과 같은 이치로 보면 된다.

그런데 달콤한 레드 와인에는 이 아황산염의 양이 지나치게 많다는 것이 문제가 되는 것이다. 몇 년 전부터 웰빙 시대를 맞이하면서 그에 편승하여 이 땅에 레드 와인의 열풍이 거세게 불었다. 그 이유는 레드 와인이 심장병 발생을 억제하며, 그 안에 들어있는 폴리페놀이라는 성분이 항암효과가 있다는 연구 결과가 잇달아 보도되었기 때문이다.

그렇다면 달콤한 레드 와인의 함정이 무엇인지 알 수 있을 것이다. 바로 강제로 넣는 이 발효 억제 화학 약품은 효모뿐만 아니라 우리 몸에 그토록 좋다는 폴리페놀이라는 성분까지도 죽여 버려 건강을 위해 와인을 마시는 진정한 의미를 없앤다고 할 수 있다.

와인에 생기는 아황산염을 부정할 수는 없다. 발효과정의 자연적 현상이고 와인에 꼭 필요한 것이니까. 하지만 필요 이상의 아황산염을 첨가한 달콤한 레드 와인을 마시면서 건강을 위해 마신다는 것은 재미있는 아이러니가 아닐까 생각한다.

5대 샤토에 대한 동경

맥주는 인간이 만든 것이고, 와인은 신이 만든 것이다.

– 마틴 루터 –

와인을 마실수록 비싼 와인에 대한 그리움이 쌓여간다. 신의 물방울의 저자 아기 다다시는 부르고뉴 와인 생산자 로마네 콩티가 생산하는 '에세조'라는 와인을 마시고 첫눈에 반해 와인에 열광하게 되었고 첫사랑의 연인처럼 절대 잊을 수 없는 그 와인 때문에 '신의 물방울'을 만들게 되었다고 한다.

리차드 기어와 쥴리아 로버츠 주연의 '귀여운 여인'에서도 리차드 기어는 쥴리아 로버츠에게 오페라 나비 부인을 보여주면서 처음 오페

샤토 무통 로쉴드 라벨과 병

라를 감상할 때 좋은 공연을 봐야 한다고 했다. 그래야 깊은 감동을 받고 오래도록 오페라를 좋아하게 된다고…. 그 얘기를 들으면서 무척 공감했던 기억이 난다.

와인도 비슷한 것 같다. 수업시간에 학생들과 함께하는 테이스팅은 비교적 저렴한 와인으로 하게 되는데, 처음 마시는 학생들의 인상이 찡그려지고, 무슨 맛으로 와인을 마시는지 모르겠다며 투덜거릴 때면 괜히 미안해지고 죄를 짓는 기분이 들 때가 있다. 행여 내가 그들의 와인에 대한 생각을 부정적으로 망쳐놓는 것은 아닌지 고심하게 된다. 그러면서 나 또한 좋은 와인들에 대한 동경이 사무칠 때가 있다.

전 세계 레드 와인의 중심에 보르도가 있다. 그리고 그 보르도의 중심에 메독 지구가 있는데 이곳에서 세계 5대 샤토 중에 4개가 생산된다. 샤토 라투르, 샤토 라피드 로쉴드, 샤토 무통 로쉴드, 샤토 마고가 그것들이며 메독 밑의 그라브 지역의 샤토 오브리옹을 포함해서 5대 샤토이다.

샤토 라투르는 메독 지구 포이약 마을에서 생산되는데, 삼성 그룹 회장이 전국 경제인연합회 만찬에서 주문했다 하여 화제가 되었던 와인이다. 라벨에 탑의 그림이 있는데, 이야기는 14세기로 거슬러 올라간다. 이 샤토가 있는 곳에 프랑스 군의 동향을 감시하기 위한 영국 군의 탑이 있었다. 여기서 탑La tour – The tower의 이름이 바로 샤토의 이름이 되고 그 그림이 라벨에 그려지게 된 것이다. 이 와인은 단정하고 정교하며 긴 생명력과 파워가 있는 카베르네 소비뇽의 매력이 가득한 와인으로, 빈티지에 따라 50년 이상을 숙성시킬 수 있는 장기 숙성형 와인이다.

샤토 무통 로쉴드는 라벨 자체가 화가들의 또 다른 캔버스이다. 세기가 낳은 유명한 화가들, 샤갈, 피카소, 앤디 워홀, 칸딘스키 등 수많은 화가들이 1945년 이래 지금까지 무통의 라벨에 그림을 그려 넣었다. 그 때문에 무통 라벨 디자인은 수집가들의 표적이 되고 있다.

이외에도 무통이 유명한 이유는 1855년 샤토 등급부여에서 2급으로 랭크되는 엄청난 굴욕을 겪었기 때문이다. 그때 무통의 라벨에는 이런 말이 인쇄되었다.

'1등은 아니지만 2등에 만족할 수 없다, 나는 무통이 되겠다.'

그러나 그로부터 120년 뒤인 1973년이 되서야 무통은 1등급으로 승격됐고 라벨의 문구는 '우리는 1등급이 됐다. 과거에는 2등급이었다. 하지만 무통은 변함없다.'라는 말로 바뀌었다. 메독 등급의 역사상 등급이 수정된 곳은 유일하게 '무통' 한 곳뿐이었던 것이다.

메독 지구의 와인이 그렇듯이 무통 역시 카베르네 소비뇽의 비율이 매우 높아(90% 전후) 풀 바디하고 뒷맛이 길다.

포도원의 왕자라고 불리는 샤토 라피드 로쉴드는 샤토 무통 로쉴드와 함께 로쉴드 가문이 사들인 특급 와인이다. 역시 메독 지구의 포이약 마을, 무통 로쉴드 포도밭 옆에 위치한다. 루이 15세도 이 와인을 좋아해 '왕의 와인'이라고 불렸다. 카베르네 소비뇽 비율이 80% 이상이며 메를로가 5~20%를 차지한다. 중후하면서도 세련되고, 우아하면서도 균형이 잘 잡혀 있어서 마셔보고 싶은 와인이다. 부르고뉴 와인의 대세 속에서 보르도 와인이 알려지게 된 계기가 된 와인이기도 하다.

샤토 마고는 그 화려하고 우아한 맛으로 와인 애호가들의 사랑을 듬뿍 받아왔다. 신의 물방울에서는 목욕하는 클레오파트라에 비유되었으니 부드러움과 요염함을 짐작할 수 있겠다. 카시스와 제비꽃의 향으로 애호가들을 유혹하고, 탄닌과 밸런스가 잘 잡혀있어 '여왕 중의 여왕'으로 불린다.

이런 이유로 마고는 많은 일화가 있는데 프랑스에서는 루이 15세의 사랑을 받았던 뒤바리 부인이 사랑했다 하여 유명해졌고, 대문호 헤밍웨이는 손녀가 마고 같은 매력적인 여성이 됐으면 좋겠다는 마음으로 여배우가 되는 손녀에게 '마고 헤밍웨이'라는 이름을 지어주었다. 일본영화 실낙원에서는 주인공이 사랑하는 유부녀와 자살을 하면서 독약을 넣어 마지막으로 마신 술이 마고였다.

　마지막으로 보르도 지역의 가장 오래된 와인 산지 그라브 지역에서 나오는 샤토 오브리옹은 1855년 파리에서 열린 만국 박람회 보르도 와인의 등급에서 유일하게 매독 지구 외에서 1등급 판정을 받은 와인이다. 오브리옹은 5대 샤토 중에서 가장 오래되고 가장 작은 샤토이다. 메독 지구의 와인과는 달리 메를로가 50%, 카베르네 소비뇽

과 카베르네 프랑으로 블랜딩된 와인이다. 미네랄이 풍부하고 검은 과실 맛이 가득한 아로마가 특징이며 메를로의 비율이 높아 다른 와인에 비해 부드럽다.

명품 와인들의 천국, 뫼르소 마을

와인은 슬픈 사람을 기쁘게 하고, 오래된 것을 새롭게 하고,

싱싱한 영감을 주며 일의 피곤함을 잊게 한다.

– 바이런 –

아무것도 하지 않아도 되는 자유와 뭐든지 할 수 있는 자유가 공존하는 이 아침이 너무 좋다. 실로 얼마 만에 느껴보는 홀가분함인가? 새벽 3시에 잠을 자고 아침 10시에 일어나든, 5시에 잠이 들어 12시에 일어나든 아무런 제약도 방해도 없는 당분간의 이 자유가 너무 좋다. 이렇게 행복할 때 어떤 와인을 마시면 좋을까? 어젯밤 수없이 와인 셀러를 열어보고 와인을 꺼내 보다가 딱 손에 잡히는 놈이 있었으니 그것이 바로 '뫼르소 마을'의 와인이었다.

프랑스 부르고뉴 지방의 '코트 드 본 지구'에 있는 이 마을은, 세계에서 최고의 신맛을 내는 화이트 와인의 산지로, 고사리 향이 독특한 '몽라세 마을', 계피 향과 전통이 어우러진 '코르통 샤를마뉴'와 함께 오랫동안 와인 애호가들의 사랑을 받아온 곳이다. 부르고뉴는 여름에 폭풍이 잦아 포도가 썩거나 농사를 망치게 만드는 대륙성 기후에, 석회암과 점토 성분이 많은 테루아르를 가지고 있다. 때문에 이 지역에서 나는 두 종류의 포도 피노누아(부르고뉴 레드 와인 품종)와 샤르도네(부르고뉴 화이트 와인 품종) 재배에는 부르고뉴만큼 적합한 곳도 없다.

부르고뉴 와인은 보르도 와인보다 라벨 보는 방법이 조금 복잡하다. 그 이유는 부르고뉴의 경우엔 특별한 포도 경작지의 명칭이 더해지기 때문이다. 프랑스 혁명 이후 귀족과 가톨릭교회들이 갖고 있던 대단위의 포도 농장들이 '모든 토지는 그 지방 주민들에게 공평하게 분배되어야 한다.'고 규정한 나폴레옹 법전에 의해 전체 주민에게 배분되면서 아주 작은 소규모 단위로 나누어졌다. 그 때문에 어떤 포도 농장은 주인이 82명에 달하기도 하면서 같은 농장에서 나오는 와인이 주인에 따라 맛이 현저하게 다르기도 하다.

뫼르소 마을의 와인 MEURSAULT

이런 변화무쌍한 테루아르와 부르고뉴의 특수성 때문에 조그만 포도 농장에서 만든 와인이라 하더라도 독특하고 귀한 와인이 많다. 그 한 예로 뫼르소 마을은 특급 밭은 하나도 없고, 대신 1급 밭이 많은데 그 중에서도 몇몇 도멘은 특급에 필적한다는 평을 받고 있으며, 비 등급 밭이면서 등급 밭을 능가하는 와인도 있는가 하면, 마을 단위 와인이면서도 포도밭 이름을 붙일 만큼 도멘이 그 품질에 자신을 갖고 있기도 하다.

뫼르소 와인은 복숭아와 개암나무 열매, 벌꿀냄새가 절묘한 조화를 이루며 싱싱한 산도와 오크 향을 즐길 수 있는 와인이다. 숙성하면 황금색이 되고, 혀끝에 닿는 느낌이 한없이 부드러우며 과실 맛이 풍부하다는 특징이 있다. 시간이 지나면서 향기가 더욱 복잡하게 변하기 때문에 마시는 내내 풍미를 느낄 수 있는 부르고뉴 화이트 와인의 진수를 맛보게 해준다. 역시 뫼르소는 부르고뉴 화이트 와인을 만드는 가장 유명한 코뮌임에 틀림없다.

뫼르소 마을의 명성을 더해주는 명문 도멘 와인들을 보면 루이 라투르, 푸랑스와 조파르, 로베르 앵포 에 피스, 페르예르, 제네브라에르, 샤롱, 그리고 '와인의 천재'라 불리는 드브네 등이 있는데 이들 와인은 고품질인 만큼 고가의 와인들이다. 특히 장 프랑스와 코슈 뒤리 와인은 와인 평론가 로버트 파커가 로마네 콩티와 함께 부르고뉴 지방의 화이트 와인 가운데 100점을 준 와인이다. 화이트 와인에 관한 한 부르고뉴 최고봉이라 자부하는 '콩트 리퐁'과 함께 양대 도멘으로 칭송받는 와인이다.

태양의 와인, 샤토네프 뒤 파프

와인은 침묵의 잔을 채우는 음악과 같다.

– 플립 로버트 –

나는 어떤 것의 이름을 유창하게 말하는 것에 유난히 능숙하지 못하다. 음악의 제목, 예술가들의 이름이나 지명, 심지어 책을 읽고 그 주인공의 이름마저도 자연스럽게 말하기가 왜 그리 힘든지 모르겠다. 옥구슬이 굴러가듯 또르르 말하는 사람들을 보면 그래서 부럽다.

와인의 이름 중에서 혀가 꼬이지 않도록 입안에 굴려가며 연습했던 이름이 화이트 와인 품종의 '게브리츠트라미너'와 바로 '샤토네프 뒤 파프'이다.

최근 유명 평론가들이나 와인지에 자주 등장하는 와인 생산지가 있으니 그곳이 바로 프랑스 부르고뉴 지방 남쪽에 있는 코트 드 론 지역, 그 중에서도 '샤토네프 뒤 파프'다. 프랑스의 유명 와인들은 론 강과 론 계곡을 중심으로 해서 시작되었는데, 이 론 강 양쪽의 와인 산지를 코트 드 론이라 한다. 이곳은 남북으로 200km, 동서로 70km 이상이나 되는 방대한 지역으로 남쪽 아비뇽까지 이어진다. 론 계곡이 만든 진정한 와인이라고 하는 코트 드 론은 그래서 세상에서 가장 비싼 레드 와인 중 하나이다. 로마 시대 줄리어스 시저의 유적과, 그리스인들의 와인 양조 기술 흔적이 있는 곳, 태양의 혜택을 가득 받은 테루아르에서 생산되는 이 지역의 와인을 '태양의 와인'이라고 부르는데는 그만한 이유가 있다. 론 지방은 포도가 한창 자랄 때에는 햇볕이 아주 잘 들어서 살갗이 따가울 정도인데, 이곳의 와인은 그런 날씨를 닮았는지 와인의 김칠맛이 풍부하고 알코올 성분도 제법 높아 수십 년 장기 숙성이 가능한 와인이다.

코드 드 론은 북부와 남부 코트 드 론으로 나뉜다. 북부 론 지방에서는 전체 론 지방에서 가장 유명한 코트로티와 에르미따쥐 와인을 생산하는데, 이 두 와인 모두 포도의 귀족이라고 불리는 '시라' 품종으로 만든다. 레드 와인의 주 품종인 시라는 '가죽 냄새', '타르 냄새' 등 강한 느낌의 와인이어서 장기 숙성 타입의 와인이다. 맛이 풍부하고 진한 이 와인들은 20년 이상 장기 숙성이 가능하며, 이 기갈 E.Guigal이라는 생산자는 특히 유명하다.

대부분의 론 와인은 남부 론에서 만들어진다. 주요 포도 품종은 석회질과 석영질의 풍부한 토양 속에서, 건조하고 무더운 지중해성 기후의 혹독함을 잘 견디며 훌륭한 번식력을 가진 '그라나쉬' 품종이다. 그래서 다른 지역이나 품종보다 알코올 도수가 높기도 하다. 유명한 와인생산자로는 지공다스가 있는데 맛이 풍부하고 감칠맛이 나며 특히 연필심 맛이 언제나 나를 즐겁게 하는 와인이다. 내 와인 셀러에 오랫동안 누워 있는 와인이기도 하다.

특히 샤토네프 뒤 파프는 프랑스 정부가 최초로 원산지 통제 방식

AOC을 적용한 곳으로 다른 지역과 달리 10개 이상의 포도 품종이 재배되는 곳이다. 그래서 샤토네프 뒤 파프 와인은 13가지 허가된 품종으로만 양조하는 것으로 유명하다.

샤토네프 뒤 파프 라벨

일반 와인을 주로 생산하는 남부 론에서 샤토네프 뒤 파프Chateauneuf-du-pape는 와인의 제왕이다. 14세기 교황의 근거지였던 아비뇽에 교황의 여름 별장으로 포도원을 만든 데서 유래하였으며, '교황의 새로운 성'이라는 뜻을 가지고 있다. 적포도와 청포도를 섞어서 만든 와인인 샤토네프 뒤 파프와 로제 와인의 왕이라 불리는 드라이한 맛의 '따벨 로제'도 남부 론의 대표적인 와인이다. 샤토네프 뒤 파프 와인 중에서도 샤토 라야는 100% 그라나쉬 품종으로 만든 전통 깊은 와인이며 샤토 보카스텔 역시 20년 이상 장기 숙성시켜 마실 수 있는 특히 좋은 와인이다.

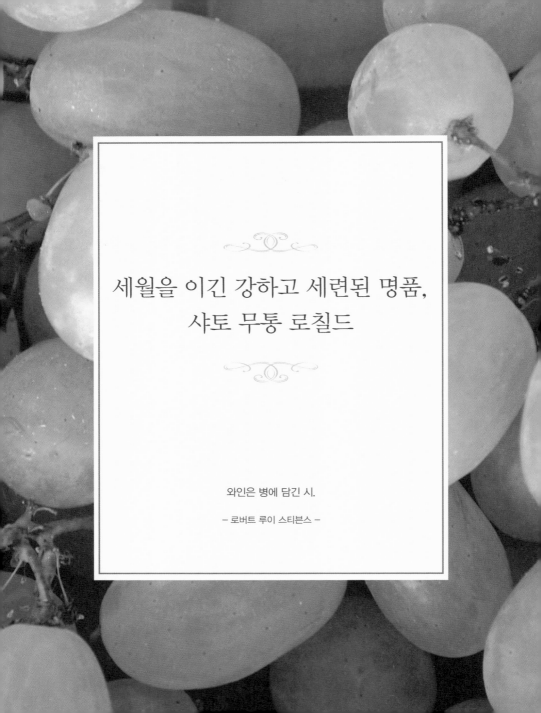

세월을 이긴 강하고 세련된 명품, 샤토 무통 로칠드

와인은 병에 담긴 시.

– 로버트 루이 스티븐스 –

1944년 런던에서 샤토 무통 로칠드의 주인인 바론 필립 로칠드는 세계 2차 대전에 참전했다. 부인은 유대인이란 이유로 수용소로 끌려갔으며, 겨우 11살이었던 외동딸 필리핀은 언제 발각될지 모르는 은신처에서 떨고 있었다. 1945년 2차 대전이 마무리 되던 해, 그를 기다린 것은 아내의 죽음과 만신창이가 된 와이너리였다. 기술자들도 떠나고, 포도원은 가꾸고 지켜줄 주인이 없어 황폐해졌다.

하지만 모두 사라진 것은 아니었다. 기특하게도 포도들은 스스로 햇볕을 받으며 꽃을 피웠고, 아침 이슬과 태양의 열기, 그리고 비와 바람 속에서도 송이를 맺어갔다. 또 독일군의 약탈을 피해 늙은 셀러 마스터와 여자들이 목숨을 걸고 와인을 숨겼다. 밤을 새워 와인을 나르고 그 위에 벽을 바르고, 아이들이 잡아온 거미를 풀어서 오랜 된 벽처럼 꾸며, 1819년 샤토 오브리옹, 1858년 무통과 같은 역사적인 와인들을 지켜냈다.

1945년, 이렇게 전쟁으로 인한 우여곡절 끝에 평년의 절반도 안 되는 와인을 만들 수 있었는데, 그 어느 때보다 깊고 진한 향과 중후한 맛을 지닌 와인이 탄생되었다. 봄 서리와 무척 더운 여름과 같은 자연의 변화무쌍함에도 꿋꿋이 버티며 탄생된 샤토 무통 로칠드 1945년은 세계 정상급 와인전문가들이 뽑은 〈죽기 전에 마셔야 할

100대 와인 리스트〉에서 1등을 차지하게 된다. 로버트 파커 씨는 "이 이상 더 좋은 와인은 없다. 최고 점수가 100점에 그치기 때문에 100점을 줄 따름이다."라고 말하며 아쉬워했다고 한다.

전쟁의 아픔을 딛고 태어난 이 와인은 2007년 뉴욕의 소더비 경매에서 26만 6,000달러(약 2억 5,000만 원)의 경매가로 낙찰되었다. '무통'은 양¥이라는 뜻이다. 와인의 라벨과 무통의 문장에 양 두 마리가 항상 등장하는 이유다.

오늘날 무통을 1등급 와인의 대명사로 만든 사람이 바로 필립 남작인데 그는 22살에 무통의 리더가 되어 "First I can not be, second I do not choose to be, Mouton I am(일등은 될 수 없고, 이등은 내가 선택한 것이 아니기에 나는 무통일 수밖에 없다.)."라는 도전적 슬로건을 내걸고, 1924년 업계 최초로 와인에 고유의 라벨을 붙여 판매를 하는 개혁을 시도했다. 그때만 해도 와인을 오크통에 담아 도매상에 납품하였기 때문에 자신의 이름을 건 라벨을 붙이는 것은 소비자에게 판매자의 양심을 믿을 수 있게 하고 무통에 대한 불신의 고리를 끊는 획기적인 일이었다.

1932년 프랑스 최초의 브랜드 와인으로 '무통 카데'를 생산하였는데 이 와인은 지금도 칸 영화제의 공식 와인으로 쓰일 뿐만 아니라 우리나라에서도 가장 잘 팔리는 프랑스 와인이기도 하다.

Château Mouton Rothschild

APPELLATION RAUILLAC CONTROLEE

시각15, 박인정

1945년부터는 세계 유명 예술가들에게 무통의 라벨 디자인을 의뢰하기 시작해 1958년 초현실주의의 대가 살바도르 달리, 1970년 마크 샤갈, 1973년 파블로 피카소 등 유명화가의 '아트 라벨'을 사용하면서 더욱 인기를 모았다.

1945년산은 종전과 평화를 축하하는 'V'가, 1989년산엔 거꾸로 그리는 그림으로 유명한 게오르그 바셀리츠가 베를린 장벽의 붕괴를 그림으로써 무통 로칠드의 와인 라벨은 그야말로 유럽의 문화와 예술, 역사가 고스란히 녹아있는 하나의 명화가 되었다.

2004년 영국의 찰스 왕세자의 라벨에 이르기까지 세계적 아티스트들을 라벨 작업에 끌어들임으로 하나의 문화적 전설을 만들어 냈으며, 전 세계의 와인 마니아들의 컬렉션 1위 와인이 되는 마케팅의 승리까지 이끌어냈다. 또한 1970년대는 미국의 로버트 몬다비와 손을 잡고 그 유명한 캘리포니아 명품 와인 '오퍼스 원'을 탄생시켰다.

그리고 1973년 1등급으로 승격된 무통의 슬로건은 "First I am, Second I was. I, Mouton do not change.(무통은 일등이다. 이등이었던 시기는 지났다. 무통은 변하지 않는다.)"로 바뀌었다.

샤토 무통 로칠드는 강하고 세련된 와인이다. 수십 년이 지나도록 그대로 유지되는 온유한 풍미야말로 무통의 저력이 아닐 수 없다.

와인에 얽힌 이야기들

샹베르탱 와인 한 잔을 바라보는 것 이상으로

미래를 장밋빛으로 만드는 것은 없다.

– 나폴레옹 보나파르트 –

어제는 너무나 바쁜 하루였다. 혹독한 감기를 한 달 사이에 두 번을 앓고, 혈관주사에, 먹으면 몽롱해지는 감기약을 끼고 다녔다. 그리고 새벽 두 시, 잠자리에 들었을 땐 거의 녹초가 되어있었다. 그런데 그런 와중에도 눈을 감고 있자니, 자꾸만 행복한 미소가 흘러 나왔다. 다름 아닌, 졸업하고 1년 만에 만난 학생 때문이었다. 내가 와인을 좋아한다며 칠레산 와인 한 병을 내밀면서 덧붙인 말이 너무나 기분 좋았다.

"'디아블로'라는 와인이 있는데요, 정말 맛있거든요. 악마의 와인이라고 불리는데 다음번엔 그걸 드리고 싶어요."

'까시에로 델 디아블로'는 전 세계적으로 가장 많이 팔리는 칠레 와인이다. 3초에 1병씩 팔린다는 이 베스트셀러 와인은 칠레 최고의 와이너리 콘차이 토로사의 와인이다.

이 회사는 샤토 무통 로칠드 사와 합작하여 칠레 최고의 와인 '알마비바'를 만드는 곳이다. '까시에로 델 디아블로'를 스페인어로 번역하면 '악마의 셀러'라는 뜻인데 얽힌 이야기는 이렇다.

지금으로부터 100여 년 전 콘차이 토로 지하 와인 저장고에 보관된 와인이 자꾸만 없어졌다. 너무나 맛있다 보니 사람들이 와인을 훔쳐갔고 이를 알게 된 주인이 셀러 구석에 숨어 밤마다 귀신소리를 내

돈나푸카타

어 셀러에 귀신이 있다는 소문을 퍼트렸다고 한다. 물론 그 뒤론 도둑도 없어지고, 그 셀러에서 출고되는 와인에는 '악마의 셀러'라는 이름이 붙게 되었다는 똑똑한 이야기이다.

며칠 전에는 새로 생긴 이탈리아 음식과 와인을 취급하는 식당에 갔다. 와인을 제대로 취급하는 곳이 없어 늘 아쉬웠는데, 얼마나 많은 종류의 와인을 볼 수 있을지 기대가 되었다. 높은 가격에 혀를 내둘렀지만 우리나라의 종가세從價稅와 중간 이윤을 생각하면 내놓고 불만을 토로할 수도 없는 노릇이다. 낯익은 와인들이 리스트를 가득 메우고 있었는데 난 그중에서 제일 착한 가격을 가진 지중해 시칠리아 섬의 대표 와이너리 '돈나푸카타Donnafugata'를 주문했다. '도망 온 여자'라는 뜻을 가진 와인이다.

'도망 온 여자'는 19세기 나폴리에서 시칠리아 섬으로 이주한 왕녀 '마리아 카롤리나'의 이야기에서 비롯되었다. 파란색 바탕의 라벨에 노란색 긴 머리를 휘날리며 다소곳이 눈을 감고 있는 안씰리아에 오래전부터 마음이 흔들렸다. 돈나푸카타의 또 다른 여인 앙겔리는 이탈리아 국민적 작가 '주세페 토마시 디 람페두사'의 소설 속 여주인공이다. 우리나라에서 가장 잘 팔리는 이탈리아 와인 중에 하나이다.

이탈리아 토착 품종인 네로 다볼라와 멜롯을 블렌딩한 와인으로 붉은 명주실을 쭉 뽑아낸 것 같은 색깔과 과일 향이 정말로 일품인 와인이다. 식상하지 않은 맛 때문에 자주 마셨던 와인이다.

나폴레옹이 평생 사랑한 와인은 '샹베르탱'이다. 평생 50여 번의 전쟁을 치르면서 언제나 술통을 가지고 다녔는데 오직 단 한 가지 샹베르탱만을 마셨다고 한다. 워털루 전투 전날 샹베르탱 와인이 다 떨어져 전투에서 패했다는 믿기 어려운 일화도 있다.

칠레산 1865 와인은 비즈니스에서, 또는 골프 모임을 앞둔 시점에 가장 잘 팔리는 와인이다. 그 이유는 18홀을 65타에 치라는 격려의 메시지로 해석되기 때문이다.

샤토 마고는 어니스트 헤밍웨이가 생전에 무척이나 사랑했던 와인이고 샤토 딸보는 영국의 톨벗Talbot 장군의 이름을 불어식으로 발음해서 붙인 와인 이름이며 헝가리의 명품 '토카이Tokaji' 와인은 러시아 제국 황제들의 만병통치약, 생명의 술로 불리었던 와인이다. 루이 15세가 '이 술은 군왕들이 마시는 포도주이며 포도주의 군왕'이라고 격찬하여, 오늘날까지도 마케팅의 호재로 사용되고 있을 정도이다.

샤토 슈발 블랑은 와인을 좋아한 와인 왕, 앙리 4세가 고향으로 돌아갈 때 백마(슈발 블랑)을 타고 이 샤토의 전신인 숙소에 머물렀다 해서 유래되었다.

바쁜 생활 속에서 잠시 난 틈을 이용해 정겹게 찾아준 제자에게 건네받은 와인 한 병이 와인 속에 얽힌 재미있는 이야기들을 생각나게 해준 즐거운 하루였다.

1등급의 맛 저렴한 가격,
세컨드 와인

와인을 마시는 경우는 오직 두 가지다.

저녁을 위한 게임이 있을 때와 게임이 없을 때이다.

– 처칠 –

새로 개척한 포도밭이나, 아직은 수령이 어린 포도나무, 같은 밭이라도 토질이 최상이라고 할 수 없는 포도밭의 포도를 이용해서 만든 와인. 똑같은 방식으로 만들었어도 오크통에 넣는 단계의 시음에서 간판급 와인의 기준에 도달하지 못하고 질이 약간 떨어진다고 판단되는 와인. 이런 배경을 통해 만들어진 것이 세컨드 와인(2군 와인)이다.

다시 말하면 프랑스 보르도의 샤토가 소유한 포도밭에서 생산된 와인들 중에서 그 샤토의 엄격한 기준에 달하지 못한 2군 와인을 세컨드 와인이라고 한다.

보르도 지방에서는 수령이 30~40년 된 포도나무에서 고급 와인을 생산한다. 포도나무가 약 50년이 지나면 나무를 뽑거나 새 포도나무를 심어서 관리를 하는데 3년이 지나야 비로소 포도를 수확할 수 있다. 세컨드 와인은 3년에서 10년 정도 된 포도나무에서 수확한 포도로 만든다. 이런 와인은 샤토의 간판 와인과는 별개의 브랜드로 판매된다. 세컨드 와인은 간판급 와인보다 품질은 조금 낮지만 가격이 상대적으로 저렴한 것이 매력이다.

하지만 1등급의 명성에 뒤지지 않는 이름난 세컨드 와인도 많다. 왜냐하면 어떤 와인은 오크통에 담기 전까지는 간판급 와인과 세컨드 와인의 밭이 동일하고 양조방법이 동일하므로 1등급의 와인 못지 않은 품질을 가지기 때문이다. 특히 그랑퀴르 1등급 샤토에서 만드는 세컨드 와인은 그랑퀴르 2~3등급 와인과 가격이 맞먹을 만큼 비싼 경우도 있다.

이러한 일류 샤토의 경우는 그들의 2군 와인에 대해서도 엄격한 기준을 마련해 놓고 만약 수준에 미치지 못하면 더 낮은 3군 와인으로 판매하거나 심한 경우에는 그 샤토의 라벨을 붙이지도 못하고 와인을 통째로 네고시앙Negociant: 주류 도매상에 넘기는 경우도 있다. 또한 2등급이나 그 이하의 와인 중에서도 빈티지에 따라 1등급 와인에 버금가는 놀라운 품질을 가진 와인들이 있는데 이런 와인들은 2등급 이상이라고 하여서 '슈퍼 세컨드'라고 한다.

일반적으로 슈퍼 세컨드라고 부르는 대표적인 와인들은 다음과 같다.

샤토 레오빌 라스 가스Chateau Leoville Las Cases(St. Julien 생 쥴리엥. 2등급)

슈퍼 세컨드의 선두주자로 1등급 와인이 없는 생 쥴리엥 지역을 대표하는 와인이다. 와인 평론가 로버트 파커는 "라스 까스는 매년 출시하자마자 무조건 사들여라, 절대 손해 보지 않는다."라고 말했다고 한다.

샤토 피숑 라랑드Chateau Pichon Lalande(Pauillac 포이약. 2등급)

피숑 라랑드 포도밭은 1등급 와인인 샤토 라뚜르와의 경계에 있어 라뚜르에 버금가는 퀄리티를 가지고 있으며 포이약과 생 쥴리엥 지역까지 걸친 와인으로 두 지역의 특성을 함께 갖추고 있다.

샤토 팔머Chateau Palme (Margaux 마고. 3등급)

마고Margaux에서 둘째가는 와인이 샤토 팔머이다. 가끔은 1등급인 샤토 마고조차 능가해 버린다는 와인이다. 빈티지마다 평가가 엇갈리고는 있지만 홍콩의 대부호가 1961년산 샤토 팔머를 50상자나 보유하고 있다고 해서 화젯거리가 되기도 한 와인이다.

샤토 꼬스 데스뚜르넬Chateau Cos d'Estournel(St. Estephe 생떼스테프. 2등급)

생떼스테프 역시 1등급 와인이 없다. 라벨에 있는 그림은 실제 꼬스 데스뚜르넬의 샤토 모습이며 인도의 분위기를 담은 동양적인 모습이 인상적이다.

이 외에도 한국에서 가장 인기 있는, 일명 '히딩크 와인'인 샤토 딸보의 세컨드 와인은 '꼬네따
블 딸보'이다. 이건희 와인이
라 불리는 샤토 라뚜르의 세컨
트 와인은 '라뚜르 포이약'이라
고 한다. 전경련 만찬에 내놓
은 와인의 시가가 500만 원이

었다면 세컨드 와인인 라뚜르 포이약은 10만 원 정도 가격대이므로
저렴하게 구입해 맛볼 수 있다.

와인 영화 〈사이드 웨이〉에서 남자 주인공의 와인 샤토 슈발 블랑
의 세컨드 와인은 '쁘리 슈발'이고, '와인의 왕이자 왕의 와인'이라는
문구를 적어놓은 와인, 그뤼오 라로즈(1986)는 노무현 대통령의 영국
국빈 방문 시 엘리자베스 2세 여왕이 내놓은 만찬 와인으로 유명하다.

사람들이 세컨드 와인을 좋아하는 이유는 1등급 와인에 비해 빠르
게 숙성된 와인의 맛을 즐길 수 있고, 가격이 간판급 와인인 1등급 와
인에 비해 매우 싸기 때문이다.

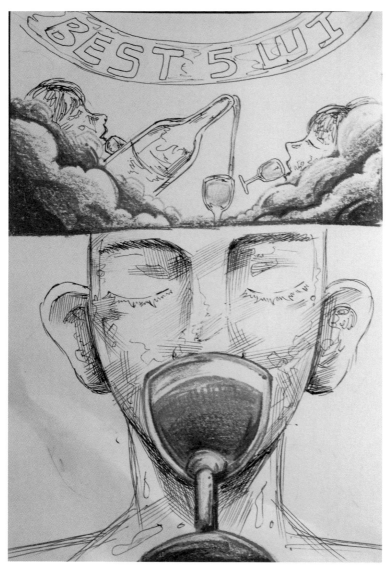

시각15, 김보미

친구를 위한 와인

와인을 마셔라. 시를 마셔라. 순수를 마셔라.

- 보들레르 -

사랑하는 친구에게.

새벽녘에 잠이 깼습니다. 뭔지 모를
그리움이 가슴을 스치고 지나갔지요.
다시 눈을 떴을 때는 창문을 통해 햇살
이 맑게 들어오고 있었습니다. 그러고
보니 오늘이 당신의 생일이네요.

돈나푸카타의 안씰리아

돈나푸카타의 안씰리아처럼 바람난 여인이 되어 바람에 머리카락을
흩날려도 보고, 마치 루이 15세의 정부였던 마담 퐁파두르처럼 와인에
욕심을 부렸던 때가 있었기에 오늘 당신을 더욱 그리워하나 봅니다.

부엌 창문을 통해 보이는 뒤 산이 영롱하리만치 맑은 봄의 모습입니
다. 사이펀Siphon에 커피를 내리고 오븐에 토스트를 구웠습니다. 부드럽
고 우아한 곡선같이 연주되는 화려한 선율, 아름답고 발랄하며 그윽한
향기를 내뿜는듯한 멘델스존의 바이올린 협주곡은 아침에 듣기에 더없
이 좋은 것 같습니다. 이렇게 행복에 취한 여인으로, 멜랑꼴리한 느낌으
로 아침을 맞이하고 있습니다.

당신은 지구상의 인구만큼이나 다양한, 와인을 좋아하고, 자기 스타

일에 맞는 와인을 고를 줄 아는 친구입니다. '예수님의 피'이자 기독교 성찬의식에서 빼놓을 수 없는 와인이기에 신앙의 양심에서 자유로울 수 있어 좋다고 말하곤 했지요.

신이 인간에게 와인을 마시라고 말한 증거는 팔꿈치의 위치에 있다며 더 위나 아래에 있다면 와인 잔을 잡지 못했을 거라는 벤자민 프랭클린의 말을 인용하며 깔깔대던 그대의 모습이 눈에 선합니다.

남성만이 와인을 마시던 그리스 시대가 아닌, 지금 이 시대에 태어나게 된 것이 고맙다고 말하던 친구입니다, 당신은.

오늘 난 그런 당신을 위해 어떤 와인을 골라야 할지 행복한 고민에 빠졌습니다. 가면을 벗고 진실과 우정으로 함께하자는 의미에서 라벨과 포장이 없는 빌라엠을 살까? 아니면 당신이 태어난 해의 빈티지 와인? 그건 너무 비싸고 불가능해 보이는 일이지. 아니면 카르멘의 열정을 가진 정열적인 그대에게 어울리는, 강력한 붉은 라벨의 에스쿠도 로호를 살까? 그것도 아니면 영화 〈악마는 프라다를 입는다〉에서처럼 귀족적인 분위기에 맞게 '귀족의 와인'이란 뜻의 듀칼레 리제르바를 사면 어떨까?

이런저런 생각만으로도 입가에 웃음이 번집니다. 그리운 친구여….

아직도 기억하고 있지요? 우리가 아주 예쁜 와인 숍을 하고 싶어 했다는 것을 말입니다. 세월의 흔적이 느껴지는 그런 오래된 느낌의 와인 숍을 갖고 싶어 했었지요. 우린.

언젠가 유럽 여행 때 잠깐 들렀던 오래된 도시, 작고 아담한 도시, 시에나의 골목처럼, 그렇게 정겹고 예쁜 곳에 말입니다. 시간이 지나 머리카락이 희끗희끗 변해 있는 할머니의 모습일 때도 사람들과 와인을 이야기 하고 인생을 이야기하며 교감할 수 있는 작은 와인 숍을 하고 싶어 했지요.

그렇게 말했던 당신은 멋진 피앙세를 따라 바다 건너로 날아가 버렸지만 당신이 다시 돌아오는 날 미로 속에 꼭꼭 숨겨둔, 보석처럼 빛나는 곳에서 당신을 맞이할 수 있었으면 좋겠습니다.

시각15. 황예지

혈액형과 와인

와인은 좋은 피를 만든다.

– 이탈리아 속담 –

시각15. 전가연

내 혈액형은 B형이다. 사랑하는 남자를 위해 죽을 수 있는 유일한 혈액형이라는 B형. 그저 너 잘한다. 예쁘다 해주면 '만사 Okay'인 사랑스런 혈액형이 B형이라고 한다. 언젠가 우리 사회에서 한참동안 혈액형 분석이 인기몰이를 할 당시에 A형의 소심한 성격 이야기에 배꼽을 쥐고 웃었던 적이 있었다. 사실 몇 가지 비슷한 사실만을 가지고 한 사람의 성격을 한정짓는 방식을 개인적으로 별로 좋아하지는 않지만, 혈액형이나 도드라지는 성격을 특성으로 그에 맞는 와인을 추천할 수 있다면 재미있는 솔루션이 될 수도 있을 것 같다.

한 알코올 전문잡지에 성격이 음료선택에 어떻게 영향을 미치는지 또는 반대로 음료에 따른 성격은 어떤지에 관한 연구 발표가 있었다. 이 연구 발표에 따르면 와인을 마시는 사람이 알코올 중독이 될 소지가 가장 낮았으며 맥주를 마시는 사람이 알코올 중독의 위험이 가장 높았다. 그리고 증류주를 마시는 사람은 그 위험이 중간이었다. 맥주만 마시는 사람은 감각 추구형으로 나왔는데 이런 사람들은 음악이나 스포츠와 같은 활동을 즐기는 외향적 성격으로 분석되었다. 한편 와인만 마시는 사람들은 좀 더 나은 교육을 받았고, 좀 더 수입이 많으며 동시에 건강한 음식을 먹고 운동을 하는 등의 생활 스타일을 가지고 있다고 보고서는 밝혔다. 이는 와인이 다른 알코올성 음료보다 건강에 이롭다고 하는 것에 기인할 수도 있다.

와인을 선택하는 것은 상대방에 대한 배려에서부터 출발한다고 생각한다. 따라서 상대의 성격에 따라 와인을 추천하는 것도 달라질 수 있다.

자신에게 엄격하고 반듯한 성향이 때론 소심하다는 오해를 불러일으키기도 하지만, 원칙을 고수하며 규칙을 존중하는 A형은 프랑스 보르도 지방의 대표적인 레드 와인이 어울린다. 체리와 커런트 같은 붉은 과일 향과 삼나무와 버섯의 향기를 지닌 메를로의 비중이 많은 와인이면 좋을 듯하다. 이런 타입은 일을 할 때도 상대를 비판하거나 고쳐주고 싶은 충동을 느끼면 조용히 침묵을 지키거나 긍정적인 말로 표현하기 때문에, 상쾌하면서 달콤한 맛이 강한 아이스와인 등을 추천한다.

틀에 박히지 않은 자유분방함과 감수성이 많고 매사 성취욕이 강한 B형은 감각적인 의미와 센스가 돋보이는 그런 와인이 어울린다. '신의 키스Divine Kiss'를 의미하는 바치오 다비노 같이 미국의 나파벨리에서 이태리 포도 품종을 독창적인 방법으로 블렌딩 한 와인이라든가, 또는 진한 루비빛 컬러와 제비꽃, 붉은 고추, 바닐라, 허브 등 다양한 향과 블랙 커런트와 블랙베리 향 등이 어우러져 미묘한 맛과 묵직한 맛을 함께 내는 스페인의 '에나네 카베르네 소비뇽'과 '메를로

2002년산'도 B형에게 추천하면 좋은 와인이다. 일을 할 때 아량이 크고 따뜻한 느낌으로 단점을 커버하면 좋을 듯하다. 따라서 알코올 도수가 낮고 꽃향기와 과일 향이 그윽한 와인을 추천한다.

사교적이며 리더십이 있고 낙천적인 성격의 소유자 O형. 낭만적이며 기분파에다 언제 어디서나 편안한 분위기를 만들어 주고 주위에서 두루 인기가 좋은 스타일이기에 누구나 쉽게 즐길 수 있는 칠레산 와인이나 호주산 와인도 좋겠다. 아니면 적당한 알코올 함량을 가진 와인도 좋을 듯하다. 일을 할 때는 부드럽게 배려 깊은 면을 보이며 알코올 함량이 13% 이상 되는 와인을 선택, 은근히 취하게 하는 것도 좋을 듯하다. 드라이 색 미디엄 세리 와인과 같은 추운 날씨에 마시면 몸이 따뜻해지는 그런 와인도 O형에 어울리는 와인이다.

합리적인 처세와 비판하는 것이 몸에 배어 있고 분석력이 좋은 AB형에게는 와인의 혈통이 있고 높은 명성을 지닌 와인이나 섬세한 구조를 갖고 있는 와인이 잘 어울린다. 죠셉 펠퍼스의 와인들과 이태리 피에몬테에서 가장 명성이 높은 포도원 브루노 지아코사 등의 와인을 추천한다. 일을 할 때는 다른 사람의 의견에 귀를 기울이면서, 숲 속에 있는 듯 숲의 내음이 물씬 풍기는 차분한 와인으로 사람을 만나는 것이 좋은 이미지를 줄 수 있다.

세계 최고급 와인은
오크통에서 숙성된다

좋은 와인이란 무엇인가? 미소로 시작해서 미소로 끝나는 와인이다.

– 윌리암 소콜린 –

아침에 콜롬비아 커피를 내리면서 유난히 좋은 향과 맛에 기분이 좋아졌다. 똑같은 커피임에도 매번 다른 느낌을 주는 이유가 무엇일까? 그날의 기분, 함께 하는 사람, 분위기, 커피의 상태 등등…. 하나로 단정 지을 수 없는 요소들이 참 많구나 하는 생각을 해보았다.

와인 역시 한두 번의 테이스팅으로 그 맛을 결정지을 수 없음에도 참 오랫동안 편견으로 대했던 와인들이 있다.

이탈리아 키안티 테이스팅을 했을 때에도 예전 같으면 내게 맞지 않는 와인이라고 단정지었을 테지만 이번엔 산지오베제 품종에 대해 좀 더 알고 싶어졌고, 좀 더 정확하게 이해하고 싶었다.

원래는 95%가 산지오베제이고 5%가 기타 와인으로 블렌딩 하는데 라벨에는 항상 100% 산지오베제로만 표시가 된다. 키안티 와인의 특징이다. 그나마 최근에는 외국 품종인 카베르네 소비뇽이나 메를로 등이 70% 이상 블렌딩 되는 경우가 많지만 여전히 라벨에는 키안티 와인으로만 적혀있어 키안티 와인을 살 때는 주의를 기울일 필요가 있다.

그날은 100% 산지오베제에 느낌이 더 가는 날이었다. 전체 5개의 와인 중에 100% 산지오베제 와인이 두 개가 있었는데 어찌나 부드럽던지 기분이 편안해지는 느낌을 받았다. 스트로베리, 블루베리, 플럼 등의 아로마와 바이올렛 같은 향을 가지고 있으며 바닐라와 달콤한 나무 냄새 등의 부케가 산지오베제의 맛을 잘 살려주었다.

내가 와인을 마시기 시작하면서 궁금한 것이 있었다. 어떻게 와인에 이토록 많은 아로마와 부케가 있을 수 있을까? 와인은 그야말로 100% 포도로만 만드는데…. 정말로 바닐라 향과 계피 향이 그 안에 들어있단 말이야? 그리고 토스트 냄새는 웬 말이며 커피 향과 태운 맛이라니? 포도에 진짜 이런 맛과 향들이 들어 있단 말이야?

처음엔 우문이 될까 봐 묻지도 못했었다. 비밀의 답은 기본적으로 토양 속에 있는 성분과 오크통에서 발견할 수 있었다.

오크통은 고대 이집트 로마시대에 와인 저장용과 운반용으로 사용하다가 약 2,000년 전쯤 유럽에 오크통 제조 기술이 전해졌고 그 진가는 영국인들에 의해 발견되었다. 오크통은 프랑스산을 최고로 꼽는다. 특히 재질이 단단해 선박용으로 사용되었던 리무쟁과 알리에 등은 한 개 가격이 70~80만 원 정도이며 미국산 오크통은 그 절반 가격을 형성한다.

오크(참나무)통은 와인의 숙성에 대단히 중요한 역할을 하는데, 이 오크에는 탄닌, 당분, 바닐라 향 등 고유한 성분이 들어있다. 또한 미세한 틈으로 와인이 숙성되면서, 이때 생기는 탄산가스를 배출하므로 맛이 부드럽고 찌꺼기가 잘 가라앉아 와인이 깨끗하다는 장점이 있다.

또한 참나무 향과 나무 향이 와인에 스며들고 산화 과정에서 다양한 부케가 형성되기 때문에 세계 최고급 와인들은 모두 오크통에서 숙성을 시킨다. 또한 오크통의 원형을 만들기 위해 불에 그슬리는데, 그 과정에서 나무의 탄닌이 부드러워지며 당분이 끓어 캐러멜이 되기도 한다.

보통 와인은 오크통에 담아 수개월에서 수년 동안 숙성하는데 이때 냄새들이 포도즙 속에 녹아들어 부케 향이 형성되는 것이다. 즉 포도가 원래 가지고 있던 고유의 아로마 향과 오크통의 냄새들이 섞여서 만들어내는 향인 것이다.

오크통은 포도 속의 탄닌을 순화시키고 바디감을 늘려 와인의 균형을 잡아주는 역할도 한다. 따라서 고급 와인일수록 오크통에 숙성을 시키며, 프랑스의 오크통은 특히 고급 와인에 사용된다. 오크통의 수명은 5년 정도이지만 고급 와인은 거의 2년마다 한 번씩 새로운 오크통으로 바꿔줘야 하니 고급 와인의 값을 이해하는 데 조금은 도움이 될지도 모르겠다. 이렇게 사용된 오크통은 다시 낮은 급의 와이너리로 팔리고 다시 그 오크통은 위스키 제조업자들에게 팔리는 과정으로 이어진다.

시각15. 김재훈

5부

와인, 행복을 보다

초보자도 쉽게 와인 고르는 방법

와인은 사람을 즐겁게 해주며 이 즐거움은 모든 미덕의 어머니다.

– 괴테 –

형이상학적인 언어의 현
란함 속에 와인 이야기가 묻히
고, 아름다운 미사여구와 픽션의 분
위기가 와인을 알고자 하는 많은 사
람들을 현혹하는 것이 싫을 때가 있
다. 우리 주변에는, 실제로 와인을 파
는 곳에 가서 어떻게 와인을 사야 할지를 모르는 사람들
이 아직도 많기 때문이다. 해당 와인에 대해 더 많은 정
보를 주고 설명하기보다는, 고객으로 하여금 그 와인을 사게 하
는 데 더 큰 목적을 가진 쉘프 토커Shelf talker, 와인을 설명하기 위해
진열대 선반 위에 부착하는 작은 띠지에 의지해서 와인을 고르는 사
람이 주변에 더 많은 이유다.

히딩크와 소피 마르소가 즐겨 마셨다는 이유로 덜컥 고른 와인이
입에 맞지 않아 곤혹을 치르는 사람들도 많다. 와인을 고르고 또 사
는 것은, 백화점에 진열된 옷이나 신발을 사는 것보다 어려운 일이
아니며 또한 내게 맞는 머리 스타일을 고르는 것보다 더 힘든 일이
아닌데도 말이다.

만약 여러분이 와인에 대해서 아무것도 모르는데 와인 숍에 혼자

가서 와인을 골라야 한다면 어떻게 하겠는가? 가장 좋은 방법 중에 하나는 최근에 읽었던 와인에 대한 기사에서 추천한 와인들을 기억해 보고 아니면 아예 그 기사를 스마트폰에 저장해서 가져가면 어떨까?

옛날 마치 미장원에 가서 원하는 머리 모양을 설명하기 힘들 때 잡지에서 보아둔 사진을 오려가서 보여주듯이 말이다.

흠~, 이제 와인을 사는 것이 그리 어려운 일은 아니라고 느껴지셨다면, 또는 본인의 힘으로 폼나게 와인을 사서 가족의 저녁 식탁을 풍성하게 하고 싶다면, 다음의 여섯 가지의 와인 품종을 기억해보자.

먼저 와인에 대한 생각을 좀 단순히 할 필요가 있다. 와인을 레드 와인 아니면 화이트 와인 정도로 구분을 하고 각각의 와인의 주된 품종을 세 가지씩만 외워본다.

레드 와인에서는 대표적인 '카베르네 소비뇽', '메를로', '피노누아'를 기억하고 화이트 와인에서는 '샤르도네'와 '리슬링' 그리고 '소비뇽 블랑'을 기억한다.

자, 이제 눈을 감고 이 여섯 개의 단어들이 입에서 자연스럽게 나올 때까지 입 밖으로 뱉어보자. 그리고 슈퍼마켓이건, 마트건, 와인 전문 숍이건 간에 가서 실습을 해 보는 거다.

여러분은 지금 막 와인을 고르는 여러 가지 방법 중에서 가장 대표적인, '포도의 품종'으로 와인을 고르는 방법을 터득한 것이다. 여러분이 만약 위에서 언급한 와인의 대표품종들을 자연스럽게 말할 수 있다면 사람들은 어느새 당신을 와인을 좋아하는 애호가로 불러줄지도 모른다.

카베르네 소비뇽은 전 세계적으로 가장 많이 퍼진 품종이며 레드와인을 만드는 최고의 품종이라고 할 수 있다. 색이 진하고 과일 향이 많은 반면 떫은맛과 탄닌이 풍부하여 초보자가 마시기에는 부담이 갈 수도 있다.

반면 메를로는 카베르네 소비뇽과 비슷하되 더 부드럽다는 평이다. 순한 맛과 감칠맛이 풍부하여 카베르네 소비뇽과 함께 블렌딩(섞어쓰임) 하여 쓰는 경우가 많다. 이 둘은 가장 좋은 파트너인 셈이다.

피노누아는 프랑스 부르고뉴 지방의 대표적인 품종으로 붉은 과일이나 관목의 향이 매우 고혹적이라는 평이다. 다루기 까다로운 만큼 많은 마니아층을 확보하고 있다.

화이트 와인에서 가장 대표적인 품종은 역시 샤르도네이다. 화이트 와인 중에서는 드라이(달지 않은) 하기 때문에 초보자가 그리 좋아하지 않을 수도 있다.

리슬링은 독일의 신선한 모젤 계곡에서 나오는 귀골이다. 풍부한 미네랄, 산미, 생기, 활력, 과일 향기 등 겹겹이 쌓인 맛과 향, 그리고 알코올 도수가 낮다는 이유로 여성 팬을 많이 확보하고 있다.

소비뇽 블랑은 강한 개성을 가진 품종이다. 지역에 따라 향이 진하고 꽃 내음이 많은 최상품이 나오기도 하지만 고양이 오줌 같은 냄새가 나기도 하는 애증이 교차하는 재미있는 품종이다. 소비뇽 블랑은 세미용과 함께 보르도 화이트 와인을 만들 때 가장 많이 배합하는 와인이기도 하다.

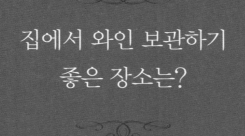

집에서 와인 보관하기
좋은 장소는?

나는 지금 별을 맛보고 있다.

- 돔 페리뇽 -

와인 셀러를 들여놓기 전에 있었던 일이다. 달콤한 맛이 기분 좋아 화이트 와인을 즐겨마시던 어느 여름, 거실에 놓인 와인 랙에 그 와인을 눕혀놓고 1박 2일 여행을 다녀왔다.

여행에서 돌아 왔을 때 거실에 있는 물건 어느 것도 달라진 것은 없었다. 그런데 뭔가 이상한 느낌 때문에 자꾸 주변을 살피게 되었고, 이내 거실 바닥이 반질반질 빛나고 있음을 알게 되었다. 아무리 보아도 누군가 들어왔던 흔적은 없는데 도무지 귀신이 곡할 노릇이었다. 한동안 고개만 갸웃거리다 역방향으로 추적에 들어갔다. 그리고 와인 랙으로부터 튕겨져 나온 것이 코르크 마개인 것을 알았을 때 한동안 의아했었다.

사건의 전말은 이러했다. 약간의 발포성을 띤 이 화이트 와인이 한여름 거실의 온도를 참아내지 못하고 펑 터진 것이다. 좀처럼 보기 드문 경험이었기에 와인을 마시는 사람들 역시 몹시 신기하게 생각했다. 그리고 이런 경우 와인을 구매한 곳에 가서 상황을 설명하면 와인을 교환해준다는 것도 알게 되었다. 와인은 보통 25도에서 열화 된다고 한다. 특히 고열에는 레드 와인보다 화이트 와인이 약하고, 온도의 변화에 민감하므로 가급적 빠른 시일 내에 마실 양만 보관하는 것이 좋다. 그러나 혹시 와인 저장고가 없어서 와인을 사지 못한다는 분이

있다면 단기적으로는 이렇게 보관하는 방법도 있다.

집에서 와인을 보관하기 좋은 장소는 어딜까 찾아보자. 주방은 와
인을 저장하기에 그리 좋은 장소는 아니다. 특히 가스레인지 옆, 싱크
대 위 같은 곳은 좀 곤란하다. 가스레인지에서 뿜어내는 열을 와인이
감당할 수 없고 혹시 개인 주택을 가진 분이라면 옥상도 좋은 장소는
아니다. 여름에는 지붕의 열 때문에 푹푹 찌고, 겨울에는 얼어 버릴

수도 있다.

아파트 베란다의 햇빛 잘 받는 벽장 속이나 응접실의 주류 진열대도 좋은 공간이 아니다. 직사광선은 와인의 적이고, 에어컨과 난방을 번갈아 틀어대는 거실의 변덕스런 온도는 와인을 몹시 지치게 만들 것이기 때문이다.

하지만 이런 곳은 어떨까? 보일러를 가동하지 않는 방의 옷장 속 서랍, 침대 밑에 넣어둔 수납 상자 속, 그리고 햇빛이 들지 않는 벽장 속 등(내가 아는 와인 애호가는 셀러가 없던 시절, 벽장 속에 와인 랙을 두고 각각의 와인에 일일이 보관 기일과 마실 날짜를 기록해 두었는데, 맨 처음 그걸 보았을 때 매우 신기하고 부러웠던 기억이 난다)을 꼽을 수 있겠다.

와인을 저장하는 장소는 시원해야 한다. 가능한 11~16도를 유지하는 것이 좋고 온도의 편차가 크지 않고 일정해야 한다. 습도도 적당

히 있어야 하고, 자동차나 냉장고, 세탁기 등의 진동이 없는 곳이어야 한다. 직사광선도 피하고, 화학 약품 냄새가 나는 곳은 금물이다.

화이트 와인이나 샴페인은 시원

하게 마시면 좋다. 하지만 냉장고에 며칠씩 넣어두는 것은 좋은 방법이 아니다. 냉장고 모터의 진동과 낮은 온도 때문에 맛이 달라질 수 있으니까. 집안 어디든 서늘하고 습기도 있고, 어둡고 진동이 없는 곳을 찾아보자. 아니면 적정한 온도 유지와 조절이 가능한 김치 냉장고에 별도 와인  칸이 있다면 그것도 하나의 방법이 될 것이다.

그렇다면 혼자 또는 둘이 마시다가 남은 와인은 어떻게 보관해야 할까? 남은 와인은 가능한 공기에 노출되지 않도록 해야 한다. 코르크나 진공펌프를 사용해서 와인 병의 공기를 모두 빼고 보관하는 것이 최대한 와인의 부케를 가둬두는 길이다. 하지만 한 번 오픈한 와인은 가급적 빨리 마시는 것이 좋다.

피치 못할 사정으로 와인이 남게 되거든, 음식을 만들 때 사용하면 좋다. 그러나 혹시 우량주식에 장기 투자하듯 재테크의 수단으로 와인을 구한다면 와인 셀러는 필수품이다.

와인 라벨 어떻게 읽나?

내 인생에서 후회되는 점이 있다면

많은 샴페인을 마셔보지 못했다는 것이다.

― 존 메이너드 케인즈 ―

지난 2005년, 대한민국이 블루 오션에 빠졌었다. 무의미한 유혈 경쟁의 레드 오션을 깨고, 경쟁업체와 수요를 나누는 대신, 수요를 늘리고 경쟁으로부터 벗어나는 전략. 블루 오션 전략이다. 행여 대화에서 왕따(?)를 당하지 않으려고 책장을 넘기던 중 와인 업계의 블루 오션 '옐로 테일'을 알게 되었다.

이들은 미국에서 프랑스와 이탈리아 와인을 제치고 최다 수입와인이 되었는데, 그것은 제거와 감소, 증가와 창출이라는 블루 오션 창출의 핵심 도구인 4가지 액션 프레임워크를 적용했기 때문이었다.

먼저 이들은 대다수의 미국인들이 와인을 즐기려 해도 맛이 너무 복잡해 와인을 거부한다는 사실을 간파했고, 전문용어로 표기된 라벨은 와인 전문가나 와인 애호가들만 이해할 수 있을 만큼 어렵다는 것도 깨닫게 되었다. 또한 와인이라는 것이 선택의 범위가 넓어 판매원들조차도 제대로 이해하지 못하고 있고, 구매자들은 와인을 고를 때 자신들의 선택이 옳은지 확신조차 가질 수 없게 되었다. 결국 이런 현상은 고객들을 지치게 만들었고, 구매 의욕도 떨어뜨렸다.

옐로 테일은 이런 와인 환경을 획기적으로 바꿨다. 먼저 와인 전문용어와 특색, 숙성연도와 품질 등 복잡함을 제거했다. 두 번째로 와인 맛의 복합성과 와인의 종류, 와인 산지의 명성 등 오랫동안 지켜왔던

CAVE DE VIN

- 1994년 설립
- 최고의 품질과 최상의 서비스에
  대한 신념을 지닌 와인전문 수입사
- 전문가들이 최고라고 하는 국내
  대표 와인 브랜드
- 와인의 전통과 현대적 진화에
  동시에 집중하는 와인
- 새로운 문화 창조

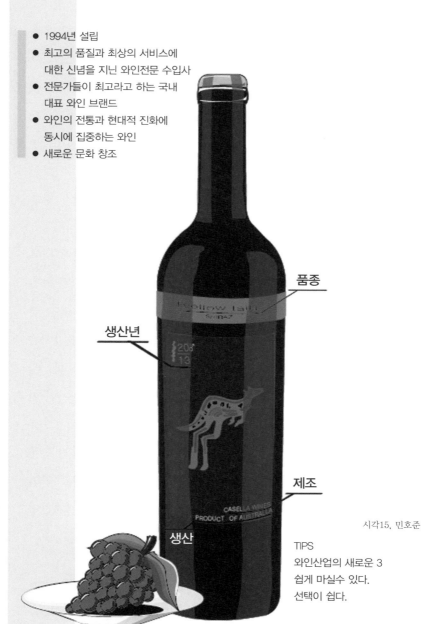

품종

생산년

제조

생산

시각15, 민호준

TIPS
와인산업의 새로운 3
쉽게 마실수 있다.
선택이 쉽다.

기술적인 요소들을 현저하게 감소시켰으며 세 번째, 저가 와인 대비 가격 책정 및 소매상의 참여를 증가시켰다.

그리고 마지막으로 대중과의 친숙성, 선택의 용이성, 재미와 모험이라는 새로운 가치를 창조하여 미국 내에서 그들의 브랜드 이미지를 강화시켰다. 즉 미국 와인 산업에 새로운 3가지 요소 −쉽게 마시고, 선택이 쉬우며 재미와 색다른 경험− 를 창출해 내고, 다른 부분들은 모두 없애거나 감소시켰던 것이다.

지금도 와인이 진열된 매장에 가면, 검은색 바탕에 밝고 선명한 오렌지색과 노란색 캥거루가 그려진 멋지고 간결한 라벨을 쉽게 볼 수 있을 것이다.

와인을 마신 지 몇 년이 지나고 나서도 나는 늘 와인 병 앞에만 서면 왜 그리도 작아지던지….

'샤토'라는 문구나 '빈티지'라고 말하는 년도의 숫자 외엔 필기체로 갈겨쓴(?) 듯한 프랑스어를 읽어 낼 재간이 내겐 없었다.

그러나 내가 원하는 것만 골라서 익히자는 나만의 방법을, 좋은 와인을 고르는 나름대로의 잣대로 사용하기로 했다. 자 이제 그 방법으로, 와인 병에 주저리주저리 적힌 글씨의 의미를 알아보자.

와인 라벨 보는 법

이 그림은 프랑스 보르도 지방의 와인 라벨이다. 많은 내용이 있어 보이지만 이중에서 우리가 와인을 고르는 데 필요한 것들은 그리 많지 않다.

1번은 이 와인의 '브랜드 명'(샤토 마르삭 세귀노)이다. 수없이 많은 샤토에서 나오는 이름들을 일일이 기억한다는 것은 매우 힘든 일이다. 유명한 브랜드야 저절로 외워지겠지만 이 이름들을 기억하기 위해 너무 애쓰지는 말자.

2번은 생산지이다. 프랑스 보르도 지방의 '마고Margaux'에서 생산된 와인. 이 부분은 약간의 노력이 필요하다. 지역명 정도는 익혀두시면 와인을 고를 때 훨씬 유익하기 때문이다. 예를 들면 그 자리에 그냥 단순히 '프랑스'라고 쓰여 있는 것보다는, '보르도'라고 쓰여 있는 와인이 더 좋고, '보르도'보다는 '마고'라고 쓰여 있는 것이 더 좋을 수 있다. 즉 지역이 작아질수록 와인의 품질은 더 좋다는 말. 예를 들면, 전라북도<전주시<완산구<중화산동에서, '전라북도'보다는 '중화산동'이라고 쓰인 와인이 더 좋은 와인이라는 뜻이다.

3번은 와인의 원료가 되는 포도를 수확한 해, 즉 수확 연도를 말한다. 이것을 '빈티지'라고 부르는데 와인의 품질을 평가하는 여러 가지 요인 중의 하나이다. 왜냐면 포도는 기후의 좋고 나쁨에 따라 맛이 좌우되기 때문이다. 빈티지 차트를 통해 좋은 해와 나쁜 해를 기억해 두는 것도 와인을 실수 없이 살 수 있는 방법이다.

4번은 원산지 통제 와인이라는 뜻으로 프랑스 와인에서 가장 좋은 등급이다. 'APPELLATION D'ORIGINE CONTROLEE. AOC'에서 'O' 자리는 생산된 지역에 따라 명칭이 바뀐다. 이것을 AOC 와인이라 부른다.

5번은 샤토에서 병입했다는 뜻으로 그 포도원에서 와인을 생산하고 제조했다는 의미로 샤토의 규모나 시설의 유무 등을 판단하는 데 기준이 되기도 한다.

6번은 와인의 용량을 말하는 것으로 일반적인 75cl은 일반적인 와인 양이다.

테루아르,
좋은 와인을 만드는 신비의 힘

꽃이 핀 사랑스러운 포도나무는 신의 열매다.

그리고 태양의 피인 와인으로 완성된다.

– 앙드레 수아레스 –

테루아르Terroir는 와인의 개성과 품질에 영향을 미치는 제반 환경이다. 다시 말해 포도는 포도밭의 토양 성분, 기후(태양, 비, 바람), 포도밭의 지형(고도, 경사) 그리고 품종 등이 서로 상호작용한 결과로 만들어진다.

이와 같이 포도에 영향을 줄 수 있는 모든 자연적 요인을 포괄하는 개념이 테루아르다. 포도밭의 지형이 높은 곳에서 생산되는 와인은 저지대에서 생산되는 와인보다 상큼한 맛이 더하고, 언덕의 경사가 깊고 남향에서 자란 포도는 해를 등지고 자란 포도보다 숙성이 잘되기 때문에 그런 와인은 숙성도가 높게 나타날 것이다.

프랑스의 보르도는 좋은 테루아르를 형성하는 데 천혜의 환경을 갖췄다. 포도가 잘 자랄 수 있는 완벽하고 다양한 토양을 가져서 개성도 스타일도 다른 다양한 와인을 만들 수 있다. 보르도는 지롱드 강을 기준으로 좌안과 우안으로 나누는데 좌안은 땅이 척박하고 영양분이 많으며 배수가 뛰어나고 온기가 있어 까베르네 소비뇽에 알맞은 테루아르를 가졌다. 메를로를 주 품종으로 생산하는 우안은 습기가 많고 점토질 성분이 많아 촉촉하고 부드러운 와인을 생산한다.

샤블리는 오래전 바닷물에 잠겨 있던 곳으로 그곳의 토양에서 굴껍질 화석이 발견되기도 했다. 샤블리와 굴 요리가 잘 어울리는 것이 우연이 아님을 알 수 있다. 샤블리는 와인의 맛과 테루아르가 절묘하

Terroir

게 맞아 떨어지는 예라고 할 수 있다. 세상 그 어디에도 자연 요소가 완전히 똑같은 포도 농장은 없다. 제각기 와인 맛이 다른 이유이다.

적당한 배수와 충분한 햇볕, 영양분, 그리고 열매와 이파리 수를 줄여가면서 탐스럽게 자라게 한 포도나무는 뿌리가 땅속 깊숙이 뻗어 깊은 곳의 각종 미네랄을 흡수하고 독특한 풍미와 그 지역만의 맛을 품어내는 반면, 일 년 내내 메마른 날씨와 고도로 발달된 기술의 힘만으로 아무런 자극도 고통도 없이 세상 밖으로 진출한 신세계 와인들은 그래서 어쩌면 단순한 맛과 달고 풍성한 과일 향으로 초보자들을 유혹하고 있는지도 모르겠다.

혹시 처음 와인을 마시기 시작했을 때 미국이나 호주, 뉴질랜드 등의 신세계 와인들이 프랑스나 이탈리아 와인에 비해 좀 달다고 느꼈었다면 지금 내가 하고 있는 이야기가 무슨 말인지 잘 알 수 있을 것 같다.

구세계의 와인을 고집하는 사람들에게 테루아르는 와인의 모든 것이나 다름없다. 그래서 프랑스나 유럽의 구세계 사람들은 소비자의 입맛은 반드시 구대륙으로 회귀할 것이라고 믿는 이유가 바로 테루아르의 힘이다. 프랑스 사람들은 테루아르로 시작해 테루아르로 와인이야기의 끝을 맺는다. 그것은 테루아르라는 말이 단순한 흙 이상의 뜻을 가지고 있음을 말해준다.

유명한 와인 평론가이자 와인 마스터인 잰시스 로빈슨이 만난 세계의 유명 와인 메이커들은 그들의 인터뷰에서 테루아르에 대해 어떻게 이야기했을까? 여기 몇 가지 내용을 적었다. 그들에게 테루아르가 얼마나 중요한지 알 수 있을 것이다.

부르고뉴의 전설이며 양조자인 앙리자이에는 와인 양조의 비결을 묻는 질문에 "비결은 없다. 자연이 그 일을 너무 잘해서 난 간섭할 용기도, 간섭할 이유도 없다."라고 테루아르의 중요성을 강조했다. 한 병에 수백만 원을 호가하는 프랑스 최고 와인 로마네 콩티 집안의 여인이자 '부르고뉴 여왕'이라고 불리면서, 도멘 르로아를 운영하는 랄루 여사는 뉴 월드 와인을 한 모금 맛보고 나서 "균질우유처럼 잘 만들었으나 테루아르의 생명력이 느껴지지 않는다."며 테루아르가 없이 기교만 있는 뉴 월드 와인을 거칠게 몰아세웠다.

보르도 지방의 특급 샤토 마고의 주인 코린 멘젤로풀로스 역시 "투자를 하고 열정을 쏟아도 와인은 늘 같은 결과를 주지 않는다. 밭고랑 하나를 사이에 두고 특급 와인과 동네 와인으로 나뉘는 것이 테루아르의 진실이다."라고 했다.

세계적인 와인 컨설턴트 미셸롤랑은 "테루아르는 바로 와인 품질이며, 명품 와인의 조건은 테루아르가 베풀 수 있는 것보다 더 많이 얻을 수는 없다. 좋은 와인은 결국 좋은 포도와 테루아르가 만드는 것이다."라고 말했다.

나는 요즘 전북의 음식을 프랑스의 테루아르와 비교해서 곧잘 설명하고는 한다. 어디에서도 느낄 수 없는, 전라북도 비옥한 땅에서 나오는 쌀로 지은 밥맛을 아는 사람이 얼마나 될까? 나는 프랑스 와인의 엘레강스하고 고저스한 맛은 테루아르의 힘이며 전라북도 음식 맛은 바로 전라북도의 비옥한 땅이 있기 때문에 가능한 맛이라고 주장하는 이유이다. 축복의 땅 전라북도 음식의 경쟁력도 바로 테루아르이다.

세계 제일의 생산지,
'와인의 고향' 보르도 와인

어떤 것이건 과하면 안 좋지만 샴페인은 많으면 많을수록 딱 좋다.

– 마크 트웨인 –

'와인의 고향', '와인의 여왕' 보르도를 수식하는 말들이다. 프랑스 와인을 안다는 것은 다른 나라의 와인을 이해하는 데 매우 중요한 기준이 된다.

그 이유는 와인을 만들어온 역사가 길고, 기후와 토양이 절묘하게

보르도 지구

조화를 이루어 가슴 설레는 환상적인 와인으로 변화시키는 프랑스의 테루아르 때문이기도 하다. 프랑스는 전 세계 와인의 모델이자 기준이다. 그리고 그 중심에 보르도가 있다.

프랑스의 주요 와인 생산지는 보르도, 부르고뉴, 론, 알자스, 루아르 등이 있고 그 외에 프로방스, 랑그독 루시용, 상파뉴 등이 있다. 이 중에서 이 책에서는 보르도 와인과 부르고뉴 와인에 대해 이야기하려고 한다. 우선 보르도 지역은 프랑스 지도를 놓고 보면 남서쪽 대서양 연안, 그리고 스페인 국경지역에 위치하고 있다.

지롱드 강이 흐르고 있는 보르도 시를 중심으로 와인이 생산되는데 이곳은 프랑스는 물론 전 세계 제1의 와인 생산지이다. 지롱드 강을 중심으로 좌측은 좌안, 우측은 우안이라고 부른다(설명을 자세히 하면 지루해질 수 있으니 간단히 좌측과 우측으로 구분함).

보르도는 주로 레드 와인을 생산하는데, 주요 품종으로는 카베르네 소비뇽 메를로, 카베르네 프랑이 있다. 보르도는 다시 메독과 그라브, 생떼밀리용, 뽀므롤의 중간 크기의 지방으로 나눌 수 있는데, 이 중에서 메독과 그라브는 좌안에 위치하고 생떼밀리용과 뽀므롤은 우안에 위치한다. 메독과 그라브 지역은 자갈이 많이 섞인 토양으로 척

보르도

박하고 배수가 잘되어 탄닌이 많고 맛과 향기가 진한 카베르네 소비뇽 품종이 재배된다.

　이 카베르네 소비뇽은 열광적인 팬들을 많이 가지고 있고 장기 숙성을 필요로 하는 와인이 많다. 반면 우안인 생떼밀리용과 뽀므롤 지역에는 주로 점토질의 진흙 성분 때문에 배수가 잘 되지 않아 카베르네 소비뇽CS은 잘 자라지 않고 대신 점토질을 싫어하지 않는 메를로를 재배한다. 메를로 품종은 CS에 비해 탄닌 성분이 적고 부드러우며, 호두 맛과 같은 달콤한 맛이 있어 처음 마시는 사람이 쉽게 접할 수 있다.

　메독지구는 다시 북쪽의 바메독과 남쪽의 오메독으로 나뉘는데 우리는 주로 오메독의 와인들에 대해 이야기하게 될 것이다. 오메독 지구는 다시 국가가 뛰어난 와인 산지로 지정한 6개의 '와인 코뮌(자치마을)'이 있는데 생떼스테프, 뽀이악, 생쥘리엥, 우리가 잘 아는 마고, 리스트락 그리고 물리 마을 등이다.

　와인 라벨에 대한 내용을 다시 상기시켜보면 프랑스의 와인은 이렇게 지구 이름과 마을 이름을 와인 원산지로 라벨에 표기한다는 것을 알 수 있다(EX 메독, 뽀이악 등). 다시 좌안과 우안으로 돌아가서 좌안의 그라브에서는 레드와 화이트 와인이 골고루 생산되고 우안의 생떼밀리용과 뽀므롤 지구에서는 대부분 레드 와인이 생산된다. 이 지구의 의 유명한 와인은 생떼밀리용의 샤토 슈발 블랑, 뽀므롤의 샤토 페트뤼스 등이 있다.

보르도의 와인생산지를 조금 더 쉽게 이해하기 위해서 우리나라 행정구역과 비교를 해보았다.

국가명칭	대한민국	프랑스
도시명칭	전주	보르도
지역(지구)명칭	완산구	오메독
마을(코뮌)명칭	중화산동(ex. 효자동, 삼천동 등)	포이약(ex. 생떼스테프, 생쥴리엥, 마고 등)
포도원 명칭	김윤우 네	샤토 (ex. 샤토 라투르)

이렇게 정리해 보면 도움이 될지 모르겠다. 와인의 품질은 지역이 더 세분화되고 구체적일수록 더 좋은 와인이라고 할 수 있다.

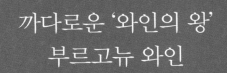

까다로운 '와인의 왕'
부르고뉴 와인

와인은 긴장을 늦추고 너그러운 태도를 지니게 함으로써

일상을 더 편하고 느긋하게 만든다.

– 벤자민 프랭클린 –

프랑스 동부 론 강의 북쪽, 파리의 동남쪽에 위치한 부르고뉴는 보르도와 마찬가지로 프랑스에서 가장 오래된 포도원 중 하나이며 보르도와 쌍벽을 이루는 대표적 와인 산지이다.

단일 품종만을 생산하며 영어로는 버건디Burgundy라고 불리운다. 부르고뉴는 여름에 폭풍이 잦아서 포도 농사를 망치는 일이 빈번하며 대륙성 기후(더운 여름, 추운 겨울)에 토양의 성질은 척박하고 가파르며 경사가 심하고 대부분 점토성 석회질로 이루어졌다. 이런 테루아르에 맞는 와인 품종은 레드 와인을 만드는 피노누아와 화이트 와인을 만드는 샤르도네가 있다.

피노누아의 품종은 변덕스럽고 까다로워서 부르고뉴가 안성맞춤이다. 보르도 와인이 섬세하고 여성적인 맛 때문에 '와인의 여왕'이라고 한다면 부르고뉴의 와인은 중후한 맛과 부드러운 풍미를 가졌다고 하여 '와인의 왕'으로 불린다.

부르고뉴의 포도 농장은 보르도보다 규모가 작고 널리 흩어져 있는데 심지어는 한 포도 농장에 주인이 모두 82명이나 되는 농장도 있다는 것은 이미 잘 알려진 사실이다. 이는 프랑스 혁명 이전엔 부르고뉴 포도 농장들이 프랑스 귀족과 가톨릭교회의 소유였으나 혁명 이후 포도 농장을 전체 주민에게 배분했기 때문이다.

그래서 하나의 등급 포도밭을 많은 도멘(Domaine. 부르고뉴 지방의 와인 생산자. 또는 양조장)이 분할 소유하고 있어 같은 포도밭의 와인일지라도 그 맛의 차이가 많이 난다. 그래서 맛있는 와인을 생산하는 도멘을 아는 것이 부르고뉴 와인을 잘 고를 수 있는 비결이다.

이제 부르고뉴의 와인지역에 대해 알아본다. 부르고뉴는 먼저 5개 지역으로 나눌 수 있다. 샤블리, 코트 도르, 코트 샬로네 마코네, 그리고 보졸레이다. 이중에서 부르고뉴의 중심인 코트 도르는 '코트 드 뉘'와 '코트 드본' 두 지역으로 나눈다.

부르고뉴 와인을 사는 데 도움이 될 만한 유명한 마을 이름을 알아보자.

첫째 쥬브레 샹베르탕

마을 지역이 광대하여 도멘에 따라 질이 현저하게 차이가 나고 특급 와인인 '샹베르탕'은 나폴레옹이 좋아했다고 해서 '왕의 와인'이라고 불린다.

둘째 샹볼 뮤지니

우아하고 섬세한 와인이다. 보라색을 연상시키는 향과 과실 맛이

나지만 북쪽과 남쪽의 포도밭의 느낌이 정반대의 성격을 가지고 있는 세계적으로 유명한 특급 와인 마을이다.

셋째 모레 생 드니

지명도나 가격이 그리 높지 않지만 실제는 상당히 수준 높은 와인을 생산한다.

넷째 뉘 생 조르쥬

특급 포도밭은 없지만 1급 포도밭과 마을 단위 밭이 중심인 수수한 와인 마을이다.

다섯째 부조

특급 포도밭인 '클로 드 부조'가 75%에 해당하는 포도밭을 가지고 있다. 가장 보르도 와인에 가깝다고 하는 특급 마을이다.

여섯째 본 로마네

본 로마네에 평범한 와인은 없다고 할 정도로 초일류 특급 포도밭이 8개나 있다. 우리가 잘 아는 '로마네 콩티', 흔히들 부르고뉴의 진주라고 하는 특급 포도밭과 '리쉬부르' 같은 초일류 포도밭이 여기에 해당된다.

사람들은 말한다. '본 로마네는 신이 사랑한 마을이다.'라고….

와인의 왕, 와인의 여왕

와인은 왕처럼 귀하게 마시고, 물은 황소처럼 느긋하게 마셔라

– 16세기 유럽 속담 –

흔히 보르도를 '와인의 여왕' 부르고뉴를 '와인의 왕'으로 부른다. 하지만 개인적으로 부르고뉴 와인은 탄닌 성분이 적고 밝은 데다 부드럽기까지 한 데 비해 보르도 와인은 탄닌이 훨씬 강하고 남성적인 힘이 느껴져 아무래도 표현이 뒤바뀐 것이 아닌지 궁금했다.

물론 마시는 사람마다 맛은 다르게 느낄 수 있다. 그런데 아마도 이러한 표현은 와인의 맛에서 유래됐다고 하기보다는 오래전부터 부르고뉴 와인이 먼저 프랑스 궁전에서 이용하기 시작하면서 와인의 왕으로 불렸기 때문인 것 같다. 그 뒤 보르도 와인이 알려지고 프랑스 양대 와인산지로 자리를 굳히면서 왕에 이어 여왕이라는 호칭을 얻었으리라 짐작된다.

프랑스의 대표적인 보르도와 부르고뉴 와인의 차이점 중 가장 큰 차이는 바로 포도 품종이 아닐까 한다. 보르도는 블렌딩, 부르고뉴는 단일 품종이다. 보르도는 보통 레드 와인을 만들 때 카베르네 소비뇽에 메를로와 카베르네 프랑을, 또는 메를로에 카베르네 소비뇽이나 카베르네 프랑을 섞어 만들고 부르고뉴는 피노누아라는 단일 품종만을 100% 사용하기 때문에 보르도의 강한 맛에 비해 부르고뉴는 피노누아의 특성이 고스란히 살아있어 부드럽고 향기가 뛰어나 여성적이라는 표현이 많다.

Rdéaux

BoURgogone

시각15. 전가연

두 번째 차이점은 명칭이다. 보르도에서는 와인 양조장의 명칭에 '샤토'를 붙이는 것이 일반적이지만 부르고뉴에서는 '도멘'이라고 부르는 것에서 차이가 난다. 샤토는 보르도에서 포도밭과 그 양조장을 부르는 말이며 대부분 대규모의 포도밭을 가지고 있다. 하지만 부르고뉴에서는 포도밭을 '도멘'이라고 부르며 한 도멘에 소유주가 여럿일 수 있다. 따라서 와인 중간상인인 '네고시앙'들이 와인을 양조하는 경우가 많아 부르고뉴 와인에서는 도멘 이름과 함께 네고시앙의 이름도 중요하다.

부르고뉴의 5대 네고시앙을 보면 라벨에 베르사체 모양으로 유명한 '메종 루이 자도', 개인적으로 좋아하는 네고시앙이다. 자신이 소유한 포도원의 포도로 대부분의 와인을 생산하는 최대 와인 생산자인 '메종 J. 페블리', 세계적인 와인을 생산하는 '메종 조세프 드루앙', 최고의 화이트 와인을 만들어내는 '메종 루이 라투르', 부르고뉴 최고의 평판과 품질을 자랑하고, 부르고뉴에서 가장 많은 와인을 소장하고 있다는 '메종 르로아'가 있다.

세 번째 차이는 병 모양에서 느껴볼 수 있다.

보르도의 와인 병은 그림에서처럼 병 모양이 길고 날씬하고 병목에서 어깨부분이 각이 지고 어깨에서 바닥까지는 좁은 일자를 유지하는 일반적인 와인 병High Shouldered Bottle의 형태를 띠며 레드 와인 병의 색깔은 암녹색이다.

반면 부르고뉴 와인 병은 보르도에 비해 하반신이 넓고 병목에서 어깨까지의 선이 부드러운 곡선으로 이루어져Sloping Shouldered Bottle 있으며, 레드와 화이트 와인 병 모두 연녹색을 띠고 있다.

〈보르도 와인 병〉   〈부르고뉴 와인 병〉

네 번째 차이점은 보르도 와인 잔과 부르고뉴 와인 잔에서 찾을 수 있다.

보통 와인을 마실 때 혀의 위치에 따라 느껴지는 와인 맛이 다르다고 한다. 보통 우리의 혀는 4가지의 기본 맛을 느끼는데 혀끝에서는 단맛

* 와인을 고르는 팁 하나: 와인의 값과 병의 무게는 비례한다. 병의 무게가 묵직하다면 그 안에 담긴 와인 역시 최고급일 확률이 높다.

〈보르도 와인 잔〉

을, 양쪽 가장자리 쪽에서는 신맛을, 가운데는 짠맛, 혀의 안쪽에서는 쓴맛을 느낀다고 한다.

따라서 와인 잔의 길이나 각도에 따라 와인이 처음 혀에 닿는 부위가 달라지고 맛도 달라질 수 있다. 보르도 와인 잔은 긴 계란형으로 혀의 앞부분에서 먼저 맛을 느끼게 되고 부르고뉴 와인 잔은 튤립 모양이어서 잔의 윗부분이 좁아 향기를 가두어두고 부르고뉴 와인 맛을 잘 느끼게 해준다.

그 외에도 와인 등급을 정하는 방식, 와인을 서브하는 방법(디켄팅의 유무), 그리고 와인을 서브하는 온도(보르도 와인을 약간 높은 온도에서 서브) 등에서 차이점을 찾아 볼 수 있다.

〈부르고뉴 와인 잔〉

시각15, 하민서

초보, 와인을 말하다

와인 한 잔이 사람을 제대로 알게 한다.

- 프랑스 속담-

'FAIVELEY ECHEZEAUX GRAND CRUS 1997'

부르고뉴 그랑퀴르에 도전하는 날이다. 오늘 내 인생의 로망이 찾아올까??

피노누아의 특징인가 보다. 색깔은 RED에서 RED BROWN 쪽이다.

코끝에 향이 남는다.

정말정말 FULL BODIED하고 뒤끝의 여운이 길게…. EXTENDED하다.

전체적으로 매운맛이 골고루 퍼진다. 아…. 온몸에 전율이 느껴진다.

그리고 순간 편안한 느낌이다. 온몸에 쏴~악 퍼지는 이 느낌.

눈을 감고 맛에 취해본다. 정말 독특한 맛의 와인이다.

냄새가 기가 막히다. 오늘 마신 와인 중에 최고이다.

나의 와인 시음노트 중 하나이다. 특별한 것도 전문적인 느낌도 전혀 없는 그저 평범한….

와인을 마시면서 가장 어려운 일은 단연코 테이스팅 하는 일일 것이다. 와인을 한 모금 입에 물고 내가 아는 모든 지식을 동원해 그 맛과 향을 표현하려고 애써 봐도 도무지 무슨 맛인지 표현이 안 된다.

비교해서 마시다 보면 정말 맛있는 와인들이 있다. 그런데 '정말 맛 있다.' 외에 나의 짧은 어휘력으로는 감당이 안 된다. 때론 이 맛이 저 맛 같고, 저 맛이 이 맛 같다. 능숙한 솜씨로 와인 잔을 흔들며 갖가 지 향들을 잡아내는 사람들을 보면서 타고난 절대 미각과 후각도 없 으면서, 후천적 가능성마저도 보이지 않는 내 자신을 동정하기 바빴 다. 가혹한 시간들이 흘렀다. 하지만 그만둘 수는 없었다. 순간순간 빠른 느낌을 적어내기도 하고 은유적 표현이나 비유법에 집착한 적도 있었다. 섹시하게 표현하기 위해 노력한 적도 있었고, 평론가들의 평 론에 맥없이 동조했던 때도 있었다. 어떻게 하든 표현해야 한다는 강 박에서 벗어나고, 그리고 즉흥적인 시상 같은 메모에서 탈피해 와인 의 풍미를 말할 수 있는 날이 언제나 오려는지….

그러나 누구나 와인을 시음하는 것은 그들 자신만의 독특한 방식 과 표현이 있다. 정답은 더구나 있을 수 없다. 하지만 일반적인 와인 의 시음 방법을 통해 각자의 시음노트를 작성해 보기 바란다.

먼저 눈을 즐겁게 하자. 와인을 와인 잔의 1/3 이나 1/4 정도 따른 다. 너무 적어도 와인의 향을 맡기가 어렵고 너무 많으면 흔들었을 때 넘치기 쉬우니 적당히 조절한다. 밝은 곳이나 흰 벽면, 아니면 가지고 있는 흰 종이를 와인 잔 뒤에 대고 투명도, 색상, 채도, 점성 등을 살핀다. 레드 와인의 경우 와인의 색이 갈색으로 변해 있다면 양조상 문제가 있을 수 있다.

그 다음엔 코다. 감별사 중엔 맛보지 않고 눈과 코로만 감별하는 사람도 있다지만 우린 와인 잔 깊이 코를 박고 입을 약간 벌리면서 향을 맡아본다. 전반적인 향, 아로마(포도에서 나는 냄새), 부케(발효과정, 숙성 등 양조과정에서 나오는 향)를 느껴보자. 예를 들면 과일 향기, 나무 냄새, 기분 좋은 향, 복잡 미묘한 향, 강렬한 향 등의 표현을 써서 말이다.

세 번째는 시음의 마지막 단계인 입이다. 와인을 한 모금 입에 물고 입술 사이로 살짝 공기를 들여 와인 향이 입 안에서 활짝 피어나게 해본다. 공기를 마실 때 나는 후룩 소리나 입가로 흘러내리는 와인을 닦으면서 수줍어하진 말자. 당도나, 탄닌의 많고 적음, 신맛의 정도, 밀도(Light, Medium, Full bodied 등으로 표현), 뒷맛의 여운(짧다, 적당하다, 길다 등으로 표현), 그리고 밸런스(좋다, 나쁘다, 완벽하다 등으로 표현) 등을 체크한다.

마지막으로 총평을 통해 사람들과의 대화를 즐기면 된다. 눈과 코와 귀의 즐거움에서 소외당한 우리의 귀를 즐겁게 해주기 위해 경쾌하게 와인 잔 부딪치는 소리를 내면서 말이다.

술이 아닌 예술품, 샴페인

와인은 점잖은 사람을 떠들게 만들고,

진지한 사람을 웃게 만드는 재능이 있다.

- 호머 -

스파클링 와인이 다른 와인과 다른 점은 와인 속에 거품(이산화탄소)이 있다는 것이다. 와인 교육자이자 기고가인 에드 매카시는 그의 책 『Wine For Dummies』에서 '와인을 우주로 본다면 스파클링 와인은 자기들만의 태양계를 가지고 있다.'고 했다. 또한 그는 그 중에서도 프랑스 샹파뉴 지방에서 생산되는 스파클링 와인 '샴페인'은 하늘에 떠있는 가장 밝은 별이라고 말했다.

샴페인은 프랑스의 샹파뉴 지역에서 나오는 스파클링(발포성) 와인에만 붙이는 이름이다. 세계에서 가장 유명한 스파클링 와인인 샴페인은 스파클링 와인의 대명사이고, 돔 페리뇽은 샴페인의 대명사이다.

파리에서 기차를 타고 동쪽으로 1시간 정도 가면 '에페르네'라는 작은 도시가 나온다. 도시의 시민 90퍼센트가 샴페인과 관련된 공장이나 포도밭, 그리고 관광안내 업종에 종사하고 있으며, 프랑스 내에서 소득이 가장 높은 도시이다. 이 도시가 바로 샴페인의 중심지인데, 그 이유는 이 에페르네 근처의 작은 마을 오빌레의 수도원에 부임한 수도사 '돔 페리뇽'에 의해 샴페인이 처음 발견되었기 때문이다.

중세 수도원에서 수도사들의 가장 중요한 일과 중 하나는 포도주를 만드는 일이었는데 샹파뉴 지역은 날씨가 쌀쌀하여 가을철에 담근 술이 겨울 내 추위 속에 있다가 봄에 날씨가 풀리면서 온도의 차이 때문에 병이 터지는 일이 종종 있었다.

그런 이유로 당시에는 샴페인을 '미친 와인', '악마의 와인'이라고 불렀는데 이는 발효 과정에서 생긴 탄산가스 때문에 폭발이 일어났기 때문이다.

샴페인을 발견한 돔 페리뇽이 '샴페인의 아버지'라고 불리는 이유는 이런 문제들을 해결했기 때문이다. 그는 압력을 견딜 수 있는 병과 코르크 마개의 사용, 그리고 적포도로 화이트 와인을 만들었으며, 여러 종류의 포도를 블렌딩 해서 샴페인 맛을 향상시키는 비법을 찾아냈기 때문이다. 서로 다른 포도가 어울리면서 만들어내는 맛의 하모니, 이것이 바로 샴페인 맛의 비밀이다.

'나는 지금 별을 마시고 있다.' 돔 페리뇽은 샴페인을 마시며 이런 말을 했다고 한다. 수없이 피어오르는 작은 공기방울들(기포)이 마치 하늘을 가르는 황금빛 은하수 같았기 때문이었을 것이다.

기포들은 고급 샴페인과 질이 떨어지는 샴페인을 가르는 척도이기도 하다. 좋은 샴페인일수록 기포들이 나란히, 규칙적으로 그리고 오래 떠오른다. 수없이 올라오는 기포들을 보며 목으로 한 모금 넘기는 순간의 짜릿함 때문에 우리는 샴페인의 유혹에서 벗어날 수 없는 것인지도 모르겠다.

프랑스의 위대한 정복자 나폴레옹은 에페르네에 있는 모엣샹동 와인 저장고에서 샴페인을 즐겨 마셨다. 마릴린 먼로의 샴페인 사랑도 많이 알려진 이야기이고, 영국에서도 황태자와 다이애나 황태자비의 결혼식에서 돔 페리뇽 샴페인을 마셨다. 미국 시트콤 화제작 〈섹스 앤 더 시티〉에서도 샴페인이 자주 등장해 잘 나가는 뉴요커들을 대변했으며, 그레이스 캘리나 오드리 헵번 등도 돔 페리뇽을 사랑한 사람들이다.

돔 페리뇽을 만드는 모엣 헤네시의 사장이 한 이야기가 있다.

"우리는 만인을 위한 샴페인을 만들지 않는다. 그것은 술이 아니라 창조적인 예술품이다. 돔 페리뇽이 세상을 만나는 방식이다."

샴페인은 섭씨 약 7~8도 정도로 차갑게 마셔야 가장 맛이 좋다. 샴페인을 연 후에 얼음에 재워두는 이유도 처음부터 끝까지 한결같은 맛이 나게 하고 거품이 잘 유지되게 하기 위함이다. 샴페인 병은 일반 와인 병보다 크고 두꺼운데, 샴페인 병이 클수록 좋은 와인일 수도 있다. 왜냐면 샴페인은 큰 병 속에서 부드럽게 나이를 먹기 때문이다.

샴페인은 수확년도가 없다. 그러나 수확년도가 있는 샴페인은 그해 잘 익은 포도로만 만들기 때문에 수확년도가 없는 와인에 비해 맛이 뛰어나며 2년 정도 더 숙성시켜 한층 미묘한 맛을 띤다. 생산년도가 표기된 고급 샴페인은 전체 샴페인 생산량의 10% 정도이다.

샴페인 잔은 길고 좁은 샴페인 전용 잔을 사용한다. 그래야 기포도 오래 가고 맛도 잘 유지되며, 향을 오래 즐길 수 있다. 대부분의 샴페인은 구입 후 1년 이내에 마시는 것이 좋다. 샴페인은 양고기, 참치 뱃살, 연어나 기름기가 많은 회, 푸아그라 등과 잘 맞는다. 그 이유는 기름기의 느끼함을 샴페인의 청량감으로 부드럽게 정제하기 때문이다. 청명한 가을하늘, 편안한 주말, 우아한 황금빛에 날카로운 첫맛의 상큼함을 느끼게 해 줄 별들의 향연에 누가 초대해 주면 좋으련만….

와인 제조

시각15, 김보미

세계에서 가장 구하기 힘든 꿈의 와인, 로마네 콩티

한 병의 와인에는 세상의 어떤 책보다 더 많은 철학이 있다.

− 파스칼−

로마네 콩티Romanee-Conti. 세계에서 가장 비싼 와인이자 18세기 왕족, 귀족이 마신 가장 맛있는 술의 대명사이다. 루이 15세의 애인 퐁파두르 부인이 와인을 좋아하는 왕의 마음을 잡기 위해서 콩티 공과 '본 로마네' 포도원 인수 쟁탈전을 일으켰다는 와인. 와인 애호가들의 꿈의 와인.

이 외에도 로마네 콩티를 대변하는 말들은 수없이 많다. 로마네 콩티는 부르고뉴 와인으로 '꼬뜨 도르'의 '꼬뜨 드 뉘Cote De Nuits'라는 지역에 있다. 한때 세계에서 가장 비싼 땅값을 가진, 황금의 언덕으로 불리는 꼬뜨 도르는 모든 유명한 부르고뉴 레드 와인과 화이트 와인이 시작된 지방이다.

또 그 북부 지역은 지역 내 중요한 도시 뉘생조르주의 이름을 본따서 꼬뜨 드 뉘라고 부른다. 부르고뉴 레드 와인의 대부분이 이곳에서 만들어진다.

로마네 콩티

시각15 송차숙

와인 마니아들의 로마네 콩티에 대한 사랑은 유별나다. 로마네 콩티를 생산하는 'DRCDomain de la Romanee – Conti'는 꼬뜨 도르에서 가장 유명한 회사로 본 로마네 지역의 또 다른 그랑 크뤼 포도밭인 라 타슈의 전체, 리쉬부르의 10,000평, 에세죠 13,000평, 그리고 화이트 와인 그랑 크뤼 몽라쉐에 1,600평 등을 추가로 보유하고 있으며 또 로마네 생 비방의 16,000평에서도 와인을 만들어 팔고 있다.

그런 이유로 로마네 콩티 한 병에 라 타슈 세 병, 리쉬부르, 로마네 생비방, 그랑 에세죠, 에세죠 두 병씩 12병을 세트로 판매한다. 또한 로마네 콩티는 일단 그 가격으로 사람들을 압도해 버린다. 가격은 세트 판매가가 최하 2,000만 원에서 1억 원까지 빈티지에 따라 다양한데, 1병에 700만 원 정도하고, 좋은 빈티지는 그야말로 부르는 게 값이다.

로마네 콩티가 이처럼 비싼 이유는 고상하고 맛이 풍부하여 혀끝에 와 닿는 그 맛도 맛이지만 아주 적은 소량만 생산되기 때문이다.

약 5,500평의 포도밭에서 연평균 600상자(7,200병)를 생산한다. 그리고 전 세계 나라별로 와인 소비량에 따라 할당된다. 그래서 로마네 콩티는 전 세계에서 가장 구매하기 어려운 와인 중 하나다.

로마네 콩티는 물론 피노누아로 만든다. 피노누아는 오랜 역사를

로마네 콩티를 생산하는 포도밭

가진 포도 품종이다. 2,000여 년 전부터 재배되어왔으며 로마 침입 이전부터 존재했다는 기록이 그 역사를 말해준다. 알이 작고 껍질이 얇으며 밝은 루비색을 띠는 피노누아는 제비꽃, 무화과, 송로버섯, 스모크 향과 동물가죽 향이 조화를 이루는 복잡한 느낌의 포도이다. 재배 조건이 까다롭고 실로 변덕스러운 품종으로, 자라는 토양에 대한 선호벽이 굉장히 심해, 아무 곳에나 심지 못한다. 그래서 피노누아가 좋아하는 토양에서, 감미로운 명품으로, 성공적인 재배가 이루어진 로마네 콩티 앞에 와인 애호가들이 감동하여 무릎을 꿇게 되는 것인지도 모르겠다.

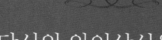

당신의 와인상식을 묻는
몇 가지 질문

와인은 내게 있어서 열정이다. 와인은 가족이자 친구,

와인은 따뜻한 마음이며 너그러운 영혼, 와인은 예술, 와인은 문화,

와인은 문명의 정수이며 삶의 예술이다.

– 로버트 몬다비 –

여기 와인에 관한 간단한 질문이 있다. 여러분은 과연 와인에 대해 어느 정도나 알고 있는지 자가 진단을 해보는 것도 좋을 듯하다. 다음 질문에 어느 정도나 맞출 수 있는지 'Yes or No'로 대답해 보시면서 와인을 더 깊이 있게 알아보는 것은 어떨까?

와인 상식 Quiz

다음 문제의 답을 Yes 또는 No로 정하여 각각의 개수를 세어 보세요.

1. 와인은 100% 포도로만 만들어진다?
2. '까베르네 소비뇽, 피노누아, 메를로'가 레드 와인의 대표 품종이다?
3. 그럼 '샤르도네, 리슬링, 소비뇽 블랑'은 화이트 와인의 대표 품종일까요?
4. 일반적으로 레드 와인은 상온에서, 화이트 와인은 차갑게 마신다?
5. 와인에 따라 와인글라스가 다르다. 맞나요?

6. 레드 와인, 화이트 와인, 로제 와인은 색깔로 나누는 것일까요?

7. 프랑스에서 가장 대표적인 와인 산지는 보르도와 부르고뉴가 맞나요?

8. 프랑스 상파뉴 지방에서 생산되는 스파클링 와인만 샴페인이라 부를 수 있나요?

9. AOC 등급이 프랑스 와인 중 가장 좋은 와인이라고 할 수 있나요?

10. 테루아르는 기후나 토양처럼 포도가 자랄 수 있는 환경을 통틀어서 말하는 것인 가요?

11. 보르도 와인은 블렌딩하고 부르고뉴 와인은 하나의 품종으로 만든다. 맞나요?

12. 와인 라벨을 '에티켓'이라고 부르나요?

13. '빈티지'는 포도의 수확년도를 말하는 것인가요?

14. '하우스와인'은 레스토랑에서 잔으로 파는 와인을 말하는 것이 맞나요?

15. 뉴 월드 와인이란 미국, 오스트레일리아, 뉴질랜드, 칠레, 남아프리카 공화국에서 생산한 와인을 뜻할까요?

Yes 5개 이하	와인을 아직 잘 모르는 당신! 아직 입문자이지만 이 기회에 와인을 깊이 배워보시면 어때요?
Yes 6-10개	와인 루키! 슬슬 와인을 접하고 있지만 아직 부족함이 느껴지죠?
Yes 11-15개	와인을 폭넓게 공부하고 계신가 봐요! 와인 마니아 단계에 오신 것을 환영합니다.
Yes 15개	여기 소믈리에가 계셨군요! 진정한 와인 마스터이십니다!

epilogue

와인을 배운다는 것이 왠지 맞지 않는 옷을 입는 것이 아닌지 의문스럽게 느끼던 때가 있었습니다. 그래서 필자가 와인을 배운다고 했을 때 무슨 술을 배우기까지 해서 마시느냐고, 어줍지 않은 '폼생폼사'라고 비아냥거리는 사람들도 있었습니다.

그러나 시대는 빠르게 흘러 사람들은 전문가의 도움 없이 와인 한 병을 사고 싶어 하는 시대가 되었습니다. 많은 사람들이 와인 아카데미에 등록을 하고, 와인코스를 받기 위해 인터넷을 뒤집니다.

그리고 복잡하지 않게, 자신의 인생을 즐기기 위해, 기꺼이 시간을 투자하고, 와인 여행을 하며, 그렇게 조금씩 와인에 매력을 느끼면서, 멋진 취미활동으로서 와인을 마시고 배우기 시작했습니다.

이 세상을 살면서 누군가를 행복하게 하고 즐겁게 만드는 것들은 여러 가지가 있습니다. 저는 그것을 '행복의 도구'라고 부르고 싶습니다. 어떤 사람은 음악으로, 어떤 이는 음식으로, 커피로, 주변의 사람들을 기쁘게 만듭니다.

저의 행복의 도구는 '와인'입니다.

이 책은 필자가 와인을 알게 되면서 경험했던, 그래서 풍요로운 인생을 경험했던 와인과 관련된 인생의 경험들을 여행으로, 파티로, 음식으로 풀어낸 일상의 이야기입니다. 다만, 바람이 있다면 이 책이 와인에 관심이 생긴 누군가가, 와인을 통해 행복을 끌어내는 삶을 누리고, 그 행복을 주변의 많은 사람들에게 흘려보내는 계기가 될 수 있기를 바랍니다.

가정에서, 직장에서, 어떤 자리에서든 한쪽에 접어놓은 테이블보를 탈탈 털어 쫙 펴고, 그 위에 투명한 유리병을 가져다가 꽃 한 주먹 꽂아 놓고, 접시랑 냅킨을 펴서 간단한 와인과 치즈, 바게트 한 접시씩 놓는다면 여러분 주변에 많은 사람들은 대접을 받는 느낌으로 그 행복감을 고스란히 전달 받을 수 있고, 그 행복을 다시 누군가에게 전할 수 있을 것입니다.

이 책은 그렇게 저의 인생을 통해 마셔온 숱한 와인들 중에서 이야깃거리가 되었던 것들을 추려서 간단한 와인 상식과 함께 추억이 되는 이야기들을 풀어놓은 책입니다. 저는 그간 경험으로부터 얻은 와인에 대한 경험과 지식을 가볍게 풀어서, 여러분들이 와인에 대해 조금 더 편안하게 다가가고, 알아갈 수 있도록 돕고 싶습니다.

세상에 수많은 와이너리가 생기고, 와인과 관련한 수많은 정보가 쏟아져 나와도 그것을 모두 알아야 할 필요는 없습니다. 와인을 좋아하고 느긋하게 즐길 줄 알며, 행복의 도구로 사용할 줄 알게 된다면, 여러분은 분명 매일매일 기쁘게 살아갈 수 있을 것입니다.

또 하나의 간절한 바람은 이렇게 와인을 통해 소외받은 이웃이나 일상에서 만나는 가까운 내 이웃들과 함께 주말이면 베란다나 정원한 켠에 모여, 같이 와인 한잔과 식사를 나누며 일상을 주고받을 수 있기를 소망합니다.

와인에 대해 여러분이 지루하다고 느끼지 않게 하기 위해서, 와인을 잘 알지 못하는 저희 학교 시각디자인과 학생들에게, 책을 한 꼭지씩 읽게 하고 편견 없이 느낀 대로 책의 내용을 그림으로 표현해 달라고 했습니다. 그리고 그 순수함과 독자의 눈으로 보이는 책의 느낌을 그대로 알리고 싶어 그림을 수정하거나 첨삭하지 않고 그대로 실었습

니다. 그림 지도와 함께 부족한 부분들의 그림과 사진 수정은 지도교
수인 김경실 교수님이 도와주셨습니다. 모두에게 감사드립니다.

도움을 준 학생들 (예원예술대학교 시각디자인학과)

김근우, 김보미, 김성은, 김재훈, 송차숙, 안지영, 전가연,

김정하, 이한희, 민호준, 박인정, 하민서, 한아영, 황예지

사진

김미소

시각15, 하민서

풍요와 조화가 담긴 술, 와인

이재술

서원밸리컨트리클럽 수석 와인소믈리에,
'소믈리에도 몰래 보는 와인상식사전' 저자

"한 병의 와인에는 세상 그 어떤 책보다도 더 많은 철학이 담겨있다!"
미생물학의 아버지, 파스퇴르가 설파한 와인 예찬이다.

와인은 그저 취할 목적으로 마시는 술이 아니라 삶을 풍요롭게 만들어
주는 술, 공부하게 만드는 술, 대화를 나누게 하는 술, 여기에 더해 건강
을 지켜주고 생명을 연장시켜주는 신이 내린 최고의 선물이기도 하다.

특히 와인은 음식과 함께할 때 그 맛이 더해진다는 점에서 와인은 그
어떤 술과도 비교가 불가능한 매력을 가지고 있다. 결국 와인은 음식을
맛있게 먹기 위한 천연특급 조미료이며 최고의 마리아주_{Mariage}인 셈이다.
또 그저 입으로 마시기만 하는 술이 아니라 눈으로 관찰하고 코로 향을
맡고, 귀로 와인을 따르는 소리와 와인글라스끼리 부딪치는 청아한 소리
를 즐기는 술이기도 하다. 오감을 만족시킬 수 있다는 점에서 와인을 마
시는 것은 하나의 의식에 속하기도 한다.

사회생활을 하며 만나는 사람들끼리는 좀처럼 마음을 터놓기 힘들다. 대부분 일로 묶어진 관계이다 보니 적당히 자기를 감추고 적당히 위장하고 적당히 견제할 수밖에 없다. 그나마 술자리에서 이러한 위장과 견제를 조금씩 벗어 던지게 된다. 마음속에 쌓여있는 스트레스의 내용도 털어놓게 된다. 술은 이런 일상의 족쇄를 자연스럽게 풀어 헤치는 역할을 한다.

직장인들이 술자리를 집착하는 것에 가까운 모습을 보이는 것은 잠깐이나마 인간의 본성에 가까운 모습을 찾고 싶은 욕구 때문일 것이다. 그래서 술만큼 사람과 사람 사이의 거리감을 빨리 좁히는 수단은 없다.

문제는 가식과 위장, 견제를 벗기 위해 마신 술로 인해 인간의 기본적인 예의까지 무시하거나 혹은 관계를 망치고 건강을 해치는 지점까지 이를 수 있다는 점이다. 비즈니스 자리에서 독주를 마시면, 열에 아홉은 극심한 후회를 경험하게 된다.

스트레스를 해소하게 도와주고, 마음을 열게 만들어 주면서 기본적 예의는 망각하지 않을 정도의 취기, 그 적당한 제한선을 조정해 줄 수 있는 술이 바로 와인이다. 비즈니스나 친목 모임에서 와인이 인기를 끄는 것은 이 때문이다.

모쪼록 김윤우 교수가 전하는 와인에 대한 열정이 독자분들에게 삶의 활력소가 되고 와인문화 저변확대에 기여하시길 기원합니다.

와인에 담긴 감미로운 매력과
행복 에너지를 마음껏 만끽하시기 바랍니다.

권선복
도서출판 행복에너지 대표이사
한국정책학회 운영이사

와인Wine은 사실상 인류가 최초로 발견한 술이라고 할 수 있으며, 문화유산의 한 가지로써 전 세계적으로 사랑받고 있습니다.

유럽에서 즐기던 술이었던 와인은 이제 아메리카, 아프리카 그리고 아시아와 우리나라에서까지 각 지역의 특색에 맞춰 생산되며 그 진화를 계속해 나가고 있습니다.

이에 따라 와인은 비즈니스 컨퍼런스Business Conference, 글로벌 페스티벌Global Festival 등 각종 사교적 모임에서 빠져선 안 될 중요한 역할을 차지하고 있습니다. 우리는 우리만의 것이 있다고 여길 것이 아니라 앞으로의 흐름에 따라 발맞추어 배울 것을 수렴해 나가야 할 것입니다.

『와인 한 잔에 담긴 세상』은 와인에 대해 잘 모르는 사람도 한 장 한 장 읽으면서 와인의 매력에 푹 빠져볼 수 있도록 쉽게 쓰인 와인의 교과서라 할 수 있겠습니다. 이름난 와인산지에 얽힌 역사적 유래와 각각의 분류를 소개하고 대중적으로도 인기가 많고 유명한 와인 속 흥미로운 이야기, 저자가 직접 와인을 시음하며 받아 적은 생생한 느낌 등이 수록되어 있어 여러분을 매력적인 와인의 세계로 이끌 것입니다. 예원예술대학교 문화예술관광콘텐츠과 교수님이시자 마스터 소믈리에로서 우리에게 와인을 알려주시기 위해 아낌없는 노력을 기울이신 저자님의 노고에 박수를 보냅니다.

각자가 행복을 추구하는 방식이 다른 가운데 이 책에서 보여주듯 행복의 도구 한 가지를 확실히 가지고 있다면 우리 모두가 행복한 삶을 영위할 수 있을 것이라 생각합니다. 이 책을 읽는 모든 독자들의 삶에 행복과 긍정의 에너지가 팡팡팡 샘솟으시기를 기원 드립니다.

안전한 일터가 행복한 세상을 만든다

허남석 지음 | 값 15,000원

책 『안전한 일터가 행복한 세상을 만든다』는 '안전리더십Felt Leadership'을 통해 일터에서 벌어지는 안전사고를 예방하고, 나아가 '긍정, 감사'를 통해 기업을 지속적으로 성장시키는 방안을 상세히 소개한다. 지속성장을 위한 조직문화와 안전 리더십이 기업에 가져오는 긍정적 영향을 다양한 사례를 통해 제시한다. 평생 포스코에서 근무하며 산업현장을 누빈 안전리더십 전문가 '남영 코칭&컨설팅 허남석 회장'의 경영 노하우가 책 곳곳에서 빛을 발하고 있다.

사람은 다 다르고 다 똑같다

민의식 지음 | 값 15,000원

책 『사람은 다 다르고 다 똑같다』는 '소통'을 통해 자신의 행복한 삶을 도모함은 물론 그 주변, 나아가 세상의 행복을 이끄는 방안을 다양한 사례를 통해 제시한다. 다양성과 다름을 인정하고 이를 조화시키고 통합함으로써 가정과 학교, 직장, 사회 그리고 국가 내에서 소통을 도모하는 방안을 역사적, 인문학적 관점으로 풀어나간다. 현재 우체국시설관리단 경영전략실장으로 재직 중인 저자가 30여 년의 직장생활과 다독多讀을 통해 체득한 삶의 노하우 또한 곳곳에서 빛을 발하고 있다.

일 잘하게 하는 리더는 따로 있다

조미옥 지음 | 값 15,000원

책 『일 잘하게 하는 리더는 따로 있다』는 신뢰를 바탕으로 구성원을 이끌며 일터를 더 좋은 환경으로 만드는 리더십의 모든 것을 담고 있다. 현재 팀문화 컨설팅을 주도하는 'TE PLUS' 대표를 맡고 있는 저자는, 이미 엘테크리더십개발원 연구위원으로 있으면서 기업의 인재 육성에 획을 긋는 '자기 학습' 및 '학습 프로세스' 개념을 독창적으로 만들어 LG전자, 삼성반도체, 삼성인력개발원, 삼성코닝, KT&G, 수자원공사 등 국내 유수 기업에 적용시킨 바 있다. 이 책은 저자의 연구 열정과 그 성과를 집대성한 작품이다.

나를 위한 도전! 내 삶의 특별한 1%

김기홍 지음 | 값 15,000원

책 『나를 위한 도전! 내 삶의 특별한 1%』는 우리에게 위로의 메시지를 전해주고 있다. 스스로를 비하하며 자조하는 현대인에 대한 안타까운 시선과, 또 그 현대인 중 한 사람으로서 이대로 머무르고 좌절하는 것이 아니라 긍정과 도전을 통해 함께 걸어가자고 제안한다. "그래도 우리 같이 힘내자"며 '나 혼자'가 아닌 '우리'를 강조하는 저자에게서 현대 사회를 바라보는 따뜻한 시선을 느낄 수 있다.